Cornelia Gutjahr

Natur- und Klimaschutz im eigenen Garten

Cornelia Gutjahr

Natur- und Klimaschutz im eigenen Garten

Anaconda

FSC
www.fsc.org
MIX
Papier | Fördert gute Waldnutzung
FSC® C021956

Penguin Random House Verlagsgruppe FSC® N001967

Die Deutsche Nationalbibliothek verzeichnet diese Publikation
in der Deutschen Nationalbibliografie; detaillierte bibliografische Daten
sind im Internet unter http://dnb.d-nb.de abrufbar.

Umschlagmotiv: www.shutterstock.com / L. Feddes (Foto);
freepik (Strichzeichnung)
Umschlaggestaltung: Druckfrei. Dagmar Herrmann, Bad Honnef
Satz und Layout: InterMedia – Lemke e. K., Heiligenhaus
Druck und Bindung: Alcione Litotipografia S.r.l., Lavis
Printed in Italy
ISBN 978-3-7306-1205-7
www.anacondaverlag.de

Inhalt

Nicht nur reden, sondern handeln 7

Von der Feuerkugel zum Lebensraum 9

Im Idealfall ein gut funktionierender Kreislauf 12

Die Natur hat weder Nützlinge noch Schädlinge erschaffen 16

Der Garten muss nicht zur Wildnis werden 19

Laub- statt Nadelgehölze 21

Falls möglich, gleichwertige Einheimische bevorzugen 30

Große Kronen sind die wahre Krönung 36

Schneiden statt streichen 39

»Strauchinseln« mit mehrfachem Nutzen 54

Aufsteigendes Grün 55

Kurz und nicht gut 58

Der Brennnesselbusch in der Schmetterlingswiese 61

Weniger Brachzeiten 63

Verbesserte Humusbilanz durch weniger Verbrennung 66

Verlockendes Wasser 71

Tiere als Komponenten im biologischen Gleichgewicht 74

Ein ornithologisches Wohnungsbauprogramm 78

Damit Vögel zu Dauergästen werden 89

Insektenhotels unter Glocken und Netzen 93

Den Unermüdlichen eine Chance geben 96

Attraktive Naturwohnungen 98

Schadstofflose Alternativen 106

Bildnachweis 111

Nicht nur reden, sondern handeln

Es ist besser, ein einziges kleines Licht anzuzünden,
als die Dunkelheit zu verfluchen.
Konfuzius

Das Klima auf der Erde ist erheblich aus den Fugen geraten. Die globale Erwärmung hat in den letzten Jahrzehnten ein besorgniserregendes Ausmaß angenommen. Gletscher schmelzen und das »ewige Eis« an den Polen nimmt in einem atemberaubenden Tempo ab. Auf viel zu trockene Sommer folgen nasse Winter mit enormen Unwetterpotenzial. Während manchen Regionen die Versteppung droht, melden andere Land unter. Gleichzeitig ist bei zahlreichen Tier- und Pflanzenarten in den letzten fünfzig Jahren ein alarmierender Rückgang der Individuenzahlen zu verzeichnen. Die Klimakrise ist da und für alle spürbar!

Zugegeben, das Klima auf der Erde hat sich schon immer verändert. Kalt- und Warmzeiten wechselten sich in der Geschichte unseres Planeten bereits mehrfach ab. Allerdings vollzogen sich diese Temperaturschwankungen stets über sehr lange Zeiträume (von bis zu 100 000 Jahren), sodass sich das Leben auf der Erde den veränderten Bedingungen anpassen konnte. Die aktuelle Erderwärmung ist dagegen von einer völlig neuen Qualität. Sie stellt eine ernsthafte und vor allem nicht zu unterschätzende Krise dar, bei der zudem die Gefahr besteht, dass ihr Tempo in den folgenden Jahren noch zunimmt.

Mehr denn je reden inzwischen viele Menschen vom Reduzieren des Kohlendioxidausstoßes, von umweltfreundlichen Energien und einer Verringerung der Ozonbelastung. Auch zahlreiche Politiker und Umweltbewegungen haben sich diese Themen auf die Fahnen geschrieben.

Ebenso gibt sich die Fridays-for-future-Bewegung, der vorwiegend Jugendliche angehören, lautstark, wenn es um Klima- und Umweltprobleme geht. Dafür gehen die Jugendlichen sogar des Öfteren freitags nicht in die Schule, sondern demonstrieren auf der Straße. Sie wollen damit berechtigterweise für *ihre* klimafreundliche Welt von morgen kämpfen.

Im Grunde genommen ist es sehr einfach, kleine Beiträge für den Umwelt- und Klimaschutz zu leisten. Man muss die Dinge einfach nur in Angriff nehmen. Dabei sollte man sich auch nicht von pessimistischen Aussagen abschrecken lassen, wie etwa »Was kann ein Einzelner schon bewirken«. Ganz klare Antwort: Zumindest ein wenig. Und wenn viele ein wenig bewirken, wird aus dem Wenigen immer mehr.

Viele von uns haben die Möglichkeit, bereits im eigenen Garten verschiedene Projekte zu realisieren, welche kleine Beiträge zur Verbesserung des Klima- und Umweltschutzes sind. Bevor jedoch auf derartige Projekte näher eingegangen wird, erläutern ein paar kurze Kapitel, welche Beziehungen zwischen Tieren und Pflanzen unter natürlichen Bedingungen bestehen. Eine allgemeine Kenntnis über diese Beziehungen hilft zu verstehen, warum bestimmte Klima- und Umweltschutzprojekte im Garten so wichtig sind, und schafft eine fundierte Basis, diese besser umzusetzen.

Da dieses Vorwort mit einem Zitat begann, soll es auch mit einem solchen enden.

Es gibt nichts Gutes, außer: Man tut es.

Erich Kästner

Von der Feuerkugel zum Lebensraum

Nach aktuellem Wissenstand entstand die Erde vor etwa 4,6 Milliarden Jahren. Zunächst war sie eine glühende Feuerkugel, die fast ausschließlich aus geschmolzenem Gestein und giftigen Gasen bestand.

Vermutlich gelangte in der Anfangszeit ihre Entstehungsgeschichte bereits das Wasser auf die Erde. Dieses bildete sich aller Wahrscheinlichkeit nach am Rande unseres Sonnensystems und wurde von Kometen in gefrorenem Zustand auf die glühend heiße Erde transportiert. Die Folge war eine sofortige Umwandlung des Eises in Wasserdampf, welcher fortan die Erde als eine Art dichte heiße Wolke umgab. Aufgrund ihrer Masse übte die Erde eine ausreichend große Anziehungskraft auf den Wasserdampf aus, sodass dieser nicht in die unendlichen Weiten des Alls entweichen konnte.

In den folgenden 500 Millionen Jahren kühlte die Erde allmählich ab. Dabei bildete ihre Oberfläche im Laufe der Zeit eine feste Kruste. Der Temperaturrückgang führte außerdem dazu, dass sich der Dampf verflüssigte und über mehrere zehntausend Jahre hinweg in Form von Regen auf die Erdkruste fiel. Dadurch entstanden in den tiefer gelegenen Bereichen der Erdoberfläche riesige Wasseransammlungen, die wir heute als Ozeane bezeichnen. Erstaunlicherweise ist bisher noch kein anderer Planet in unserem Sonnensystem bekannt, auf dem ähnliche Wasseransammlungen vorhanden sind.

Das Wasser stellte wiederum eine wichtige Grundlage dar, damit sich in der Folgezeit Leben auf der Erde entwickeln konnte. Allerdings vergingen erst einmal weitere gut 200 Millionen Jahre, bevor die ersten primitiven Bakterien auftraten.

Wasser ist die Grundlage allen Lebens auf der Erde.

Vor etwa 2,5 Milliarden Jahren wurde ein weiterer Grundstein für alles höhere Leben auf der Erde gelegt. Zu jener Zeit begannen die primitiven Vorläufer der Pflanzen, Sauerstoff zu produzieren.

Nach weiteren 2 Milliarden Jahren entstanden in verhältnismäßig kurzen Zeiträumen deutlich komplexere Arten. Doch damit nicht genug – die Artenvielfalt nahm ebenfalls in einem rasanten Tempo zu. Obwohl es im Verlauf der folgenden 500 Millionen Jahre mehrere Massensterben gab, entwickelte sich das Leben stetig weiter und brachte immer höher organisierte Formen hervor. Im Rahmen dieses Entwicklungsprozesses, den wir Evolution nennen, bildeten sich die unterschiedlichsten Abhängigkeits- und Beziehungsgefüge zwischen den Lebewesen. Diese Gefüge bezeichnet man auch als ökologische oder biologische Gleichgewichte.

Im Lauf der Evolution entwickelten sich großflächige Gebiete mit ausgeglichenen Abhängigkeits- und Beziehungsgefügen zwischen den Lebewesen.

Im Idealfall ein gut funktionierender Kreislauf

In den jeweiligen Lebensräumen bleiben die ökologischen Gleichgewichte zwar nicht endlos erhalten, aber sie weisen (falls der Mensch nicht verändernd eingreift) zumeist über sehr lange Zeiträume eine hohe Stabilität auf (oft 3000–10 000 Jahre oder länger). Aus diesem Grund haben die Arten fast immer ausreichend Zeit, sich an Veränderungen anzupassen, die in diesem Gefüge allmählich vonstattengehen.

In den jeweiligen Lebensräumen bleibt das Gleichgewicht zumeist über sehr lange Zeiträume stabil.

Vereinfacht kann man sich das ökologische Gleichgewicht als Kreislauf vorstellen, der aus Pflanzen (Produzenten), Tieren (Konsumenten) und zersetzenden Mikroorganismen (Destruenten) besteht.

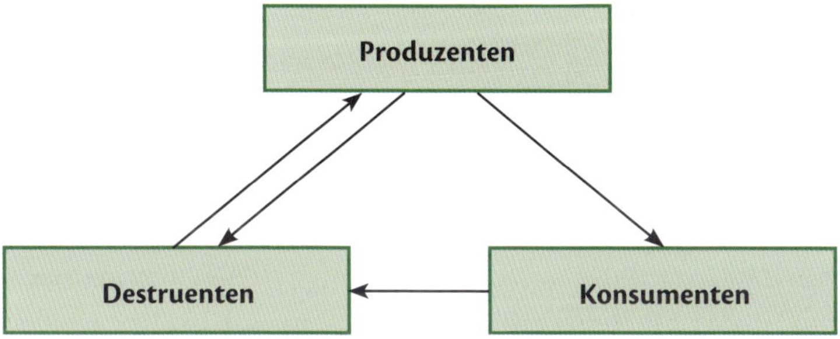

In diesem Kreislauf existieren zahlreiche Nahrungsketten, in denen die Pflanzen den Ausgangspunkt darstellen. Im Rahmen ihrer Fotosynthese produzieren sie Biomasse, die den Tieren, die als Konsumenten fungieren, als Nahrung dient. Dabei kann die jeweilige Tierart entweder ein Direktverbraucher oder ein Fleischfresser sein, der sich entweder am Ende einer Nahrungskette befindet oder in diese integriert ist. Ein Direktverbraucher wäre beispielsweise ein Schaf, das den Grünaufwuchs von einer Weide frisst. Dagegen ernährt sich ein Uhu nur indirekt von Pflanzen, indem er Bestandteil folgender Nahrungskette ist:

abgestorbener Pflanzenrest – Regenwurm – Amsel – Marder – Uhu

Da der Uhu am Ende der Nahrungskette steht, wird er auch als Gipfelräuber bezeichnet.

Die Exkremente von Tieren sowie abgestorbene (nicht durch Tiere gefressene) Pflanzen(teile) fungieren als Nahrung für die Destruenten. Diese zersetzen die organische Masse bis zur Stufe von Mineralstoffen, welche wiederum als Nahrungsbestandteile für Pflanzen (Produzenten) dienen.

Selbstverständlich sind die Beziehungen, die innerhalb des natürlichen Kreislaufes bestehen, wesentlich

Beim Uhu handelt es sich um einen sogenannten Gipfelräuber.

komplexer. Fällt jedoch ein Glied in diesem Gefüge aus, hat das für andere Glieder oftmals verheerende Folgen. Ein Beispiel hierfür ist der Kuckuck *(Cuculus canorus)*. Bei ihm handelt es sich um einen Zugvogel, der den Winter im tropischen Afrika verbringt. Von dort kehrt er im Frühjahr unter anderem nach Europa zurück, um als Brutparasit seine Eier in die Nester anderer Vögel zu legen. Aufgrund des Klimawandels, der sich in den letzten 50 Jahren in einem rasanten Tempo vollzieht, beginnen inzwischen zahlreiche Wirtsvögel zu brüten, bevor der Kuckuck aus Afrika zurückkehrt.

Kuckuck

Das bedeutet, dass er immer weniger Möglichkeiten findet, seine Eier in den Nestern anderer Vogelarten zu platzieren. Dadurch tritt ein deutlicher Rückgang in den Beständen des Kuckucks auf. Erschwerend kommt hinzu, dass im Verlauf der Evolution der Bruttrieb des Kuckucks verloren ging. Er ist somit nicht mehr in der Lage, auf die jetzt vorhandenen, veränderten Umweltbedingungen angemessen zu reagieren. Aber das ist nur die eine Seite der Medaille. Die andere stellt sich in Form der behaarten Raupe des Eichenprozessionsspinners *(Thaumetopoea processionea)* dar, die in Eichenbeständen enorme Schäden anrichtet. Der Kuckuck ist eine der wenigen europäische Vogelarten, bei denen diese Raupe auf dem Speiseplan steht. Aufgrund des Rückgangs des Kuckucks konnte sich der Eichenprozessionsspinner stärker vermehren und somit mehr Eichen durch seinen Fraß schädigen. Dadurch gerät ein Teil des ökologischen Gleichgewichts zusehends aus den Fugen. Dieses Beispiel stellt nur eine Diskrepanz innerhalb des ökologischen Gefüges dar, welche auf die Erderwärmung zurückzuführen ist. Von ihnen gibt es jedoch inzwischen viel zu viele.

Die Natur hat weder Nützlinge noch Schädlinge erschaffen

Bleiben wir noch kurz beim Beispiel des Kuckucks, der seine Eier in den Nestern fremder Singvögel ablegt. Aufgrund dieses Brutparasitismus wird er oft als Schädling für Singvögel bezeichnet. Frisst er hingegen die Raupen des Eichenprozessionsspinners, wird er von vielen Menschen, insbesondere Forstleuten, als nützlich und lobenswert angesehen. Aber genau betrachtet, handelt es sich hierbei lediglich um zwei menschliche Kategorisierungen. Weil Menschen die meisten Singvögel (bezogen auf ihre Vorteile und Bedürfnisse) weitgehend als nützlich einstufen, wird der Kuckuck, der ihnen Schaden zufügt, als Schädling klassifiziert. Umgekehrt sehen wir den Kuckuck als Nützling an, wenn er die Raupen des Eichenprozessionsspinners vertilgt, die wir aufgrund ihrer Fressaktivitäten an den Eichen wiederum als Schädling klassifizieren.

Raupen des Eichenprozessionsspinner

Am Beispiel des Kuckucks wird bereits ersichtlich, dass die Natur nicht zwischen Nützlingen und Schädlingen unterscheidet. Stattdessen hat sie es so eingerichtet, dass alle Lebewesen in ihren jeweiligen Biotopen bestimmte Funktionen erfüllen und untereinander die verschiedensten Beziehungen und Wechselwirkungen aufgebaut haben. In diesem ökologischen Gefüge könnten auch die Pflanzen nicht allein überleben. Ihnen würde zu irgendeinem

Zeitpunkt das aus der tierischen Atemluft stammende Kohlendioxid fehlen, welches sie zur Synthese ihrer Kohlenhydrate benötigen.

Als ein wachsendes neuzeitliches Problem erweist sich auch das Einschleppen sogenannter Neozoen und Neophyten. Darunter versteht man Tiere und Pflanzen, die zumeist aus anderen Erdteilen und damit auch aus anderen Ökosystemen mit anderen Abhängigkeiten und Wechselbeziehungen stammen. Beispielsweise hat sich das ursprünglich aus Südostasien stammende Indische Springkraut *(Impatiens glandulifera)* mittlerweile in zahlreichen Ländern Mitteleuropas zu einer regelrechten Plage entwickelt.

Mitte des 19. Jahrhunderts als Friedhofspflanze in Frankreich eingeführt, sagten ihm die Bedingungen in Europa derart zu, dass es sich rasch vermehrte und in der Folgezeit an Gewässern, auf feuchten Wiesen und in Wäldern ansiedelte. Aufgrund seiner Wuchsfreudigkeit begann das Indische Springkraut zahlreiche der in Mitteleuropa vorhandenen ursprünglichen (autochthone) Pflanzen zu unterdrücken bzw. zu verdrängen. Letz-

Ungeachtet seiner attraktiven Blüten, hat sich das Indische Springkraut vielerorts zu einer regelrechten Plage entwickelt.

Waschbären halten sich auch oft in Siedlungen auf.

tere konnten danach ihre Funktionen, die sie im einstigen Naturkreislauf hatten, nicht mehr (in vollem Umfang) erfüllen. Hinzu kommt, dass typische Fressfeinde fehlen, die das Springkraut in größeren Mengen auf ihrer »Speisekarte« haben. Falls überhaupt einige Tierarten damit beginnen, diese und andere Neophyten in ihr artspezifisches Nahrungsrepertoire aufzunehmen, vergehen oftmals sehr lange Zeiträume (zumeist mehrere Jahrzehnte bis Jahrhunderte). In diesen Zeiträumen tragen die betreffenden Neophyten zu einer weiteren Instabilisierung der ökologischen Gleichgewichte in den von ihnen neu besiedelten Biotopen bei.

Als ein ähnliches Problem hat sich der Waschbär *(Procyon lotor)* erwiesen. Ursprünglich nur in Nord- und Mittelamerika heimisch, konnte sich diese Art durch ausgesetzte sowie aus Pelztierfarmen entlaufene Exemplare fest in Mitteleuropa etablieren. Inzwischen bewohnen die Nachkommen dieser Waschbären nicht nur Wälder, sondern halten sich auch oft in Parks, Gärten und menschlichen Siedlungen auf.

Die europäischen Waschbär-Bestände wachsen nicht nur weiter an, sondern sie besiedeln auch zunehmend neue Gebiete. Der Grund für diese massive Zunahme an Individuen ist vor allem darin zu sehen, dass der Waschbär in Mitteleuropa – abgesehen vom extrem seltenen Luchs sowie dem Wolf – kaum Fressfeinde hat und sich außerdem durch eine enorme Anpassungsfähigkeit auszeichnet.

Der Garten muss nicht zur Wildnis werden

Vor etwa 4000 Jahren entstanden in den Stadtstaaten des antiken Griechenland Kulturlandschaftsbereiche, welche man als Vorläufer der heutigen Gärten ansehen kann. In diesen wurden vor allem Gemüse, Obst, Weinreben sowie Olivenbäume angebaut.

Auch bei unseren heutigen Gärten handelt es sich um Kulturlandschaften. Allerdings ist die Palette der darin gepflegten Pflanzenarten wesentlich umfangreicher geworden. Man denke in diesem Zusammenhang beispielsweise an das reichhaltige Zierpflanzensortiment, also an Arten, die nicht primär der menschlichen Ernährung oder als Futter für Nutztiere dienen.

Trotz der Grundidee, dass der Garten ein Stück Kulturlandschaft darstellt, muss dieser nicht im Widerspruch zu Umweltinteressen stehen. Ganz im Gegenteil. Viele Gartenfreunde verleihen zumindest einigen Bereichen

Weinreben gehörten zu jenen Nutzpflanzen, die bereits vor 4000 Jahren in den Vorläufern der heutigen Gärten kultiviert wurden.

Ein mit zahlreichen Gehölzen bestückter Hausgarten.

ihres Gartens ein naturnahes Aussehen, indem sie beispielsweise kleine Gehölzinseln anpflanzen, für die sie des Öfteren einheimische Strauch- und Baumarten verwendeten.

Um einen Beitrag zum Klimaschutz zu leisten, muss man seinen Garten nicht zwangsläufig verwildern lassen. Stattdessen sind Projekte möglich, die sich schnell und einfach umsetzen lassen, ohne dass der Garten dadurch seinen ursprünglichen Charakter und Charme verliert.

Laub- statt Nadelgehölze

Sowohl Nutz- als auch Ziergehölze erfreuen sich bei zahlreichen Gartenfreunden großer Beliebtheit. Während es sich bei den Nutzgehölzen ausschließlich um Laubbäume und -sträucher handelt, werden als Ziergehölze oft Nadeln tragende Arten favorisiert. Nadelgehölze besitzen den Vorteil, dass sie pro Zeiteinheit mehr Sauerstoff produzieren als ein vergleichbarer Laubbaum. (Proportional betrachtet ist außerdem der Sauerstoffausstoß bei jungen Bäumen größer als bei alten.)

Die Kriechkiefer (Pinus mugo var. Pumilio) *gehört zu den gern gepflegten, Nadeln tragenden Ziergehölzen.*

Laubbäume sind dagegen die besseren Kohlendioxid-Verbraucher. Beispielsweise nimmt eine Rotbuche *(Fagus sylvatica)*, die sich auch sehr gut als Heckenpflanze eignet, pro Zeiteinheit 40% mehr Kohlendioxid auf als beispielsweise die Gemeine Fichte *(Picea abies)*. Bei der Fotosynthese werden aus dem Kohlendioxid Kohlenhydrate hergestellt, welche die Bäume für ihr Wachstum und ihre Entwicklung benötigen. Während dieser Prozesse wandeln die Bäume einen Großteil der Kohlenhydrate zu Holz um und legen dadurch das Kohldioxid auf Jahrzehnte oder sogar auf Jahrhunderte fest. So

Bei der Rotbuche handelt es sich um einen sehr leistungsfähigen Kohlendioxid-Verbraucher.

Hecke aus Rotbuchen.

besteht das Holz eines Baumes zu knapp 50% aus Kohlenstoff, der komplett vom Kohlendioxid stammt.

Durch das »Festhalten« des Kohlendioxids leisten Bäume, aber auch Sträucher (wenngleich in geringerem Maße), einen enorm wichtigen Beitrag zur Reduzierung des Treibhauseffektes, welcher bei der Erderwärmung die größte Rolle spielt. Es ist allerdings nicht so, dass Pflanzen im Rahmen ihrer Fotosynthese nur Kohlendioxid aufnehmen und Sauerstoff als »Nebenprodukt« abgeben. Vielmehr läuft die Fotosynthese in zwei Phasen ab, die man als Licht- und Dunkelreaktion bezeichnet. Lediglich bei der Lichtreaktion, die während der hellen Tagstunden stattfindet, erfolgt die Produktion von Sauerstoff, den die Pflanzen an die Luft abgeben. Während der nächtlichen Dunkelreaktion entziehen die Pflanzen der Luft wieder einen Teil des Sauerstoffs, den sie zur Aufrechterhaltung ihres Stoffwechsels benötigen. Diese aufgenommene Sauerstoffmenge ist allerdings deutlich geringer als die am Tag abgegebene.

Der Treibhauseffekt – einfach erklärt

Eine wichtige Funktion des Kohlendioxids besteht darin, als eine Art Wärmekollektor der Erde zu fungieren. Im Zusammenspiel mit Wasserdampf absorbiert das Kohlendioxid große Mengen jener Wärmestrahlung, die die Erdoberfläche kontinuierlich abgibt. Dadurch wird verhindert, dass zu viel Wärme ins Weltall entweicht. Unter der Voraussetzung, dass die Kohlendioxidmenge sich nicht verändert, bleiben auch die ins All abgegebenen Wärmemengen weitgehend konstant. Der durch den Menschen in den letzten Jahrzehnten verursachte Kohlendioxidausstoß bewirkt jedoch, dass ein deutlich größerer Teil der von der Erdoberfläche abgegebenen Wärme »festgehalten« wird. Die Folge ist die bekannte Erderwärmung. Neben Kohlendioxid tragen Methan, Lachgas und fluorierte Treibhausgase ebenfalls erheblich zu dieser Erwärmung bei.

Außer Rotbuchen besitzen Süßkirschbäume *(Prunus avium)*, Linden *(Tilia spec.)* und Gemeine Rosskastanienbäume *(Aesculus hippocastanum)* ein überdurchschnittlich hohes Aufnahmevermögen für Kohlendioxid. (Allerdings war die Gemeine Rosskastanie ursprünglich nicht in Mitteleuropa, sondern auf dem Balkan beheimatet. Von dort gelangten die ersten Exemplare Mitte des 16. Jahrhunderts nach Wien und wurden schon bald in zahlreiche weitere Länder Mittel- und Westeuropas verbreitet.)

Gemeine Rosskastanien (li.) und Linden (re.) zeichnen sich durch ein sehr hohes Aufnahmevermögen für Kohlendioxidaufnahme aus.

Etwas niedriger ist das Aufnahmevermögen von Eichen *(Quercus spec.)*, Ulmen *(Ulmus spec.)* und Ahornen *(Acer spec.)*. Trotzdem rangiert das Kohlendioxidaufnahme-Vermögen dieser Laubbäume noch deutlich vor dem der Nadelbäume, wie Kiefer *(Pinus spec.)*, Weißtanne *(Abies alba)* oder Lärche *(Larix decidua)*.

In Abhängigkeit von den vorherrschenden Umwelteinflüssen kann das Kohlendioxidaufnahme-Vermögen einer Art auch bei etwa gleichaltrigen Bäumen erheblich variieren. Dabei haben sich vor allem die Bodenqualität, die Wasserversorgung, der Gesundheitszustand, der Konkurrenzdruck von Nachbarpflanzen und die Umgebungstemperaturen als wichtige Einflussfaktoren erwiesen.

Nicht weniger bedeutend ist der Aspekt, dass Pflanzen zum optimalen Gedeihen viel Platz (und die meisten auch sehr viel Licht) benötigen. Des-

Nadelgehölze, wie diese Kiefer, haben ein niedrigeres Kohlendioxidaufnahme-Vermögen als vergleichbare Laubgehölze.

halb sollte man bei Neupflanzungen auch den Grundsatz »weniger ist mehr« beherzigen. Ein Beispiel aus der Forstwirtschaft soll das verdeutlichen: Aufgrund einer unzureichenden Bewirtschaftung stehen zahlreiche junge Fichtenbestände vielerorts deutlich zu eng. Die einzelnen Exemplare ragen zwar oft 6–7 Meter in die Höhe, aber die Stämme solcher »Hungerfichten« haben an der Basis häufig nur einen Durchmesser, der kaum 15 Zentimeter überschreitet und ihre Äste sind nicht viel dicker als ein Finger.

Die Gründe für dieses »Hungerwachstum« bestehen vor allem darin, dass die betreffenden Fichten zu wenig Licht erhalten. Im Kampf um die Strahlen der Sonne »schießen« sie in die Höhe, ohne dabei viel Biomasse zu bilden. Außerdem entziehen sie sich aufgrund ihrer viel zu dichten Anordnung gegenseitig die Nährstoffe. Vergleicht man einen solchen »Hungerbestand« mit einem gut beförsterten Wald, aus dem frühzeitig die schwächsten Exemplare entfernt werden, besitzt letzterer trotz der geringeren Anzahl an Bäumen wesentlich mehr Bio- und gleichzeitig auch mehr fotosynthetisch wirksame Blatt- beziehungsweise Nadelmasse. Dadurch ist er nicht nur ertragreicher,

In einem gut bewirtschafteten Wald stehen die Bäume nicht zu dicht.

Durch verdunstendes Wasser tragen sowohl Laub- als auch Nadelbäume zur Abkühlung der Luft bei.

sondern auch in der Lage, mehr Kohlendioxid zu binden. Analog empfiehlt es sich, den eigenen Garten nicht mit Gehölzen (beziehungsweise anderen Pflanzen) zu überfrachten und somit deutlich bessere Voraussetzungen für eine üppige Entwicklung der vorhandenen Arten zu schaffen.

Des Weiteren tragen sowohl Laub- als auch Nadelbäume durch das Wasser, welches sie über ihre Blätter verdunsten, zur Abkühlung der Luft bei. So belaufen sich die Verdunstungsmengen alter Laubbäume auf bis zu 200 bis 300 Liter Wasser täglich.

»Ganz nebenbei« binden vor allem Laubbäume sehr beachtliche Mengen an frei in der Luft schwebenden Feinstaub. Beispielsweise ist eine große Rotbuche in der Lage, jährlich etwa 100 Kilogramm Staub aus der Luft zu filtern und in einem Hektar Eichenwald beläuft sich diese Menge auf etwa 40–50 Tonnen.

Aufgrund der vorhandenen Fläche ist es nicht in jedem Garten möglich, einen großen Obst- oder sonstigen Laubbaum zu kultivieren. Aber zumin-

Bei Rhododendren handelt es sich um reine Ziergehölze.

Rotlaubige Hasel

dest für ein paar Strauchgehölze dürfte überall genügend Platz vorhanden sein. Statt auf reine Ziergehölze (wie beispielsweise Rhododendron), die primär als Blickfang dienen, kann man auf zahlreiche Nutzgehölze zurückgreifen, die sowohl optisch ansprechend sind als auch reichhaltige Fruchterträge liefern. Stellvertretend dafür seien Sorten mit dunkelrotem Laub genannt, wie etwa die Hasel ›Rotblättrige Zellernuss‹ oder die Holundersorte ›Black Lace‹.

Des Weiteren besteht die Möglichkeit, einen ganz gezielten Kombi-Beitrag gegen die Erderwärmung und für den Erhalt alter (vom Aussterben bedrohter) Obstsorten zu leisten. Zu den Obstgehölzen, die in früheren Zeiten häufiger kultiviert wurden, aber inzwischen fast in Vergessenheit geraten sind, gehören beispielsweise der Speierling *(Sorbus domestica)* und die Mispel *(Mespilus germanica)*. (Trotz ihres ähnlichen Populärnamens sind die Mispel und die Mistel, die als Halbparasit auf Bäumen lebt, nicht miteinander verwandt.)

Ebenso handelt es sich bei der als Vogelbeere bezeichneten Eberesche *(Sorbus aucuparia)* um ein sehr ansprechendes Gehölz, das äußerst attraktive Fruchtstände hervorbringt. Diese haben im Stadium der Vollreife eine leuchtend scharlachrote Färbung.

Unverständlicherweise hält sich immer noch hartnäckig das Gerücht, dass die Früchte giftig seien. Diese Meinung basiert darauf, dass rohe Vogelbeeren reichlich Parasorbinsäure enthalten, welche bei Menschen Magen- und Verdauungsprobleme hervorruft. Werden die Vogelbeeren jedoch gekocht, wandelt sich die Parasorbinsäure in gut verträgliche Sorbinsäure um. Deshalb kann man Vogelbeeren, die mindestens 15 Minuten erhitzt wurden, mit ruhigem Gewissen zur Zubereitung von Nahrungsmitteln nutzen.

Wer ein Faible für das Nichtalltägliche hat, findet vielleicht an der Kultivierung einer oder mehrere Kornelkirschen *(Cornus mas)* Gefallen, deren längliche Früchte auch als Kornellen bezeichnet werden.

Die Vogelbeere bringt scharlachrote Fruchtstände hervor.

Kornelkirschen

Es handelt sich dabei um ein ursprünglich in Südosteuropa und Kleinasien beheimatetes Gehölz, das sowohl eine strauch- als auch (klein)baumartige Wuchsform haben kann. Trotz seines Populärnamens ist dieses Steinobst nicht näher mit den Kirschen verwandt, sondern gehört zur Familie der Hartriegelgewächse. Regional wird es auch als Herlitze, Dürlitze, Hirlnuss, Dirndlstrauch sowie Gelber Hartriegel bezeichnet.

Falls möglich, gleichwertige Einheimische bevorzugen

Wenn der Garten hauptsächlich oder zumindest teilweise zur Erzeugung von Obst- und Gemüse dient, ist es so gut wie nicht realisierbar, nur einheimische Pflanzen zu nutzen. Unter anderem stammen mehrere beliebte Obstgehölze, wie beispielsweise die Aprikose *(Prunus armeniaca)*, nicht aus Mitteleuropa oder es handelt sich bei ihnen um Kreuzungen, für die fremdländische Arten (mit) als züchterisches Ausgangsmaterial dienten. Ein Beispiel hierfür stellt die Pflaume *(Prunus domestica)* dar, bei der es sich nach gegenwärtigem Wissenstand um einen Artbastard von der heimischen Schlehe *(Prunus spinosa)* und der Kirschpflaume *(Prunus cerasifera)* handelt. Letztere war ursprünglich nur vom Balkan bis nach Mittelasien verbreitet.

Pflaume

Kirschpflaume

Selbstverständlich soll jetzt niemand dazu animiert werden, auf die Kultivierung von derartigen Obstgehölzen in seinem Garten zu verzichten. Im Gegenteil, auch diese Gehölze binden Kohlendioxid und leisten damit einen Beitrag, die Erderwärmung zu reduzieren.

Wird aber künftig beabsichtigt, Laubbäume und/oder -sträucher (zusätzlich) im Garten zu kultivieren, sollte man sich vorzugsweise für sogenannte standortgerechte einheimische Arten entscheiden. Standortgerecht bedeutet, dass die Umweltbedingungen den Ansprüchen der jeweiligen Gehölzart weitgehend entsprechen. Das trifft vor allem auf den Nährstoffgehalt des Bodens, die vorherrschenden durchschnittlichen Jahrestemperaturen sowie die Bodenfeuchtigkeit zu. Beispielsweise bevorzugen die meisten Weidenarten (Salix spec.) und die Schwarzerle *(Alnus glutinosa)* sehr feuchte Böden, während die Schwarzkiefer *(Pinus nigra)* trockene bis schwach feuchte Böden mag.

Schwarzerle

Wie es bereits sein Populärname vermuten lässt, kommt der Sanddorn auch auf Böden mit hohen Sandanteilen gut zurecht.

Ähnlich verhält es sich mit den Nährstoffbedürfnissen der einzelnen Arten. Während der genügsame Sanddorn *(Hippophae rhamnoides)* sehr gut auf kargen Standorten zurechtkommt, benötig die auch als Weißbuche bezeichnete Hainbuche (*Carpinus betulus)* zum optimalen Gedeihen einen gut mit Wasser versorgten Lehm- oder Tonboden, der einen hohen Nährstoffgehalt aufweist.

Nebenbei sei erwähnt, dass aufgrund des Populärnamen dieses Gehölzes oft falsche Rückschlüsse gezogen werden. Im Unterschied zur Rotbuche *(Fagus sylvatica)* gehört die Hainbuche nicht zu den Buchengewächsen (Fagaceae), sondern zu den Birkengewächsen (Betulaceae).

Laubgehölze werden vorwiegend in Baumschulen angeboten. Man kann dort in der Regel zwischen sogenannten Containerpflanzen (in Töpfen oder Kübeln befindliche Gehölze) oder wurzelnackten Exemplaren wählen.

Containerpflanzen in einer Baumschule.

Letztere sind deutlich preiswerter und kosten oftmals nur ein paar Euro oder sogar nur wenige Cents. Ein großer Nachteil besteht bei derartigem Pflanzgut darin, dass die feinen Wurzelhaare schnell austrocknen und sich dadurch die Chancen für ein erfolgreiches Anwachsen merklich verringern. Um das zu vermeiden, sollte man die Wurzeln sofort nach dem Kauf mit feuchten Tüchern oder Papier umwickeln. Außerdem hat es sich als vorteilhaft erwiesen, wenn im Garten bereits einen Tag vor dem Kauf Pflanzlöcher ausgehoben wurden, damit man die erworbenen Exemplare ohne Zeitverzug in die Erde bringen kann.

Als beste Zeit für das Pflanzen haben sich frostfreie Herbsttage erwiesen. Außerdem ist es günstig, wenn die zu pflanzenden Gehölze bereits ihr gesamtes Laub abgeworfen haben. Dadurch fällt es den »Neuankömmlingen« leichter, anzuwachsen. Der Grund dafür ist sehr einfach. Die kahlen Pflanzen verdunsten kein Wasser mehr über ihre Blätter, wodurch sie sich völlig auf das Anwachsen im Boden konzentrieren können. Auch Frühjahrspflanzungen sind möglich, wobei die an den Gehölzen befindlichen Knospen möglichst noch geschlossen sein sollten.

Die beste Pflanzzeit ist der Herbst.

Die für die Kultivierung von Gehölzen erforderlichen Pflanzlöcher müssen mindestens doppelt so breit und tief sein, wie die Wurzelballen bzw. die nackten Wurzeln. Nach dem Einsetzen füllt man die Löcher mit Kompost- oder hochwertiger Gartenerde und legt um den Stamm eine sogenannte Baumscheibe an. Dabei handelt es sich um einen kleinen kreisförmigen Bereich, auf dem weder andere Gartenpflanzen noch Gras kultiviert werden. Dadurch verhindert man, dass andere Pflanzen dem Gehölz in der Anwachsphase Wasser und Nährstoffe entziehen.

Die Bedeutung des Angießens wird unterschätzt.

Manchmal wird nach dem Pflanzen das Angießen vergessen und/oder dessen Bedeutung unterschätzt. Es dient jedoch nicht ausschließlich zur Wasserversorgung der neuerworbenen Gehölze, sondern soll vor allem dazu beitragen, dass die im Erdreich befindliche Luft weitgehend entweicht. Durch diese Maßnahme verhindert man, dass um die Wurzeln größere Hohlräume zurückbleiben. Die Wurzelhärchen können dann sofort in das umgebende Erdreich »greifen«, statt erst längere Zeit frei in der »Luft zu hängen«.

Gleichzeitig trägt das Angießen dazu bei, den Stress für die neu erworbenen Gehölze zu verringern, der beim Umsetzen in eine andere Umgebung entsteht. Die Folge ist eine frühere Aufnahme von Wasser und Nährstoffen, welche sich wiederum positiv auf das Wachstum und die allgemeine Entwicklung auswirkt.

Große Kronen sind die wahre Krönung

Der Fachhandel bietet ein umfangreiches Sortiment an Obst- und Ziergehölzen in Säulenform an. Diese Gehölzform weist sowohl Vor- als auch Nachteile auf. Zu den Vorteilen gehört, dass die Platzansprüche dieser Gehölze recht gering sind. Deshalb entscheidet sich so mancher Gartenfreund, dem nur sehr wenig Fläche zur Verfügung steht, für die Pflanzung mehrere Säulenobstbäume. Allerdings sind des Öfteren deren Erträge nicht übermäßig hoch. Aus diesem Grund wird das ausgereifte Obst zumeist sofort verzehrt und nicht eingelagert oder konserviert.

Säulenapfelbäume

Vergleicht man Säulengehölze mit jenen Exemplaren, die eine üppige Krone aufweisen, haben sich letztere bezüglich der Kohlendioxidaufnahme, der Feinstaubfilterung und des Sauerstoffausstoßes als deutlich überlegen erwiesen. Falls in einem Garten nicht genügend Fläche für hochstämmige Obstgehölze vorhanden ist (ein hochstämmiger Kirschbaum benötigt beispielsweise eine Standfläche von 50–60 m²), lohnt es sich, einmal über sogenannte Viertel-, Halb- oder Dreiviertelstämme nachzudenken. Diese Exemplare bilden nicht nur einen längenmäßig reduzierten Stamm aus, sondern haben zumeist auch einen weniger ausladenden Kronenbereich. Ein zusätzlicher Vorteil solcher Kurzstämme besteht darin, dass bei der späteren Ernte keine bzw. nur deutlich kleinere Leitern benötigt werden.

Blühender Süßkirschbaum mit üppiger Krone.

Zur Bewirtschaftung der meisten großkronigen Obstgehölze gehört, dass sie einen regelmäßigen Pflegeschnitt erhalten. Dieser zielt vor allem darauf ab, dass nach dem Beschneiden ausreichend Licht in die Krone vordringen kann. Zugegeben, dabei geht ein Teil der Zweige als potenzielle Ansatzstelle für Blätter verloren. Aber gleichzeitig stimuliert der Schnitt die Gehölze, dass diese in der Folgezeit kräftig neue Zweigen austreiben. Außerdem müssen durch das Auslichten weniger Blätter ein Dasein im Schatten oder Halbschatten fristen. Sie können dann als »Sonnenblätter« eine größere fotosynthetische Leistung erbringen, welche den Rückschnitt teilweise kompensiert.

Eine Vielzahl an Wassertrieben an einem Obstgehölz.

Aus wirtschaftlicher Sicht ist bei den meisten Gehölzen ein jährlicher Rückschnitt nötig, damit sich in der künftigen Vegetationsperiode ihr Fruchtansatz nicht verringert. Dieser erfolgt ausschließlich am zweijährigen Holz. Deshalb ist es ratsam, die Pflegemaßnahme immer so durchzuführen, dass verstärkt älteres Holz zugunsten von zweijährigem herausgeschnitten wird. In diesem Zusammenhang sei auch darauf verwiesen, dass man sogenannte Wassertriebe stets abschneiden sollte. Dabei handelt es sich um zumeist sehr kräftig entwickelte Zweige, die vorwiegend an den Außenbereichen der Krone (nahezu) senkrecht in die Höhe wachsen.

Nach dem Neuerwerb von Gehölzen wird gelegentlich der Fehler begangen, diese in den ersten Jahren nicht zu beschneiden. Trotz der guten Absicht, die Bäume erst größer werden zu lassen, ist diese Verfahrensweise kontraproduktiv. Stattdessen hat es sich als wesentlich sinnvoller erwiesen, die Jungbäume durch gezielte Schnittmaßnahmen von Anfang an auf eine üppige Krone und erst anschließend auf Höhe zu erziehen.

Schneiden statt streichen

Zur Einfriedung werden Gärten und Grundstücke häufig mit Zäunen, Mauern oder Hecken umgeben. In gewisser Weise handelt es sich bei Hecken um lebende Zäune, denen man im Interesse des Umwelt- und Klimaschutzes den Vorzug vor Einfriedungen aus Steinen, Totholz und/oder Metall geben sollte. In diesem Zusammenhang wird gern darauf verwiesen, dass man einen Großteil der Hecken jährlich mehrmals schneiden muss. Das stimmt und bereitet Arbeit. Aber auch der Bau eines Zauns ist fast immer mit einem großen Zeitaufwand verbunden.

Viele Hecken bedürfen jährlich mehrerer Schnitte.

Hinzukommt, dass die Anschaffungskosten für Zaunpfähle und Zaunfelder oftmals deutlich kostenintensiver sind als für Heckenpflanzgut. Außerdem bedürfen auch Zäune zumeist einer Pflege. Beispielsweise streichen zahlreiche Gartenbesitzer ihre Zäune in zwei- bis vierjährigen Abständen. Weil auch die Farbe recht teuer ist, fallen dadurch weitere Kosten an. Ungeachtet der höheren Kosten belasten die Farbpartikel, die im Laufe der Zeit durch den Regen abgewaschen und vom Wind weggetragen werden, die Umwelt. Bei einem Heckenschnitt sieht das ganz anders aus. Das abgeschnittene Material lässt sich kleinhäckseln und anschließend als Mulch verwenden oder kompostieren. Die beim Kompostieren entstehende, nährstoffreiche Erde hilft, Dünger zu sparen und die Bodenfruchtbarkeit im Garten zu erhalten oder sogar anzuheben, was sich als Vorteil für die Pflanzen erweist.

Wer eine Hecke anpflanzen möchte, sollte zuerst darüber nachdenken, ob diese immer- oder nur sommergrün sein soll. Bei den immergrünen Varianten kann man sich wiederum für Laub- oder Nadelgehölze entscheiden. Falls letztere favorisiert werden, müssen das nicht zwangsläufig die vielerorts anzutreffenden Lebensbäume (Thuja spec.) sein, obwohl diese robusten Gehölze sehr wuchsfreudig sind und je nach Art/Sorte oft eine jährliche Längenzunahme von bis zu 50 cm erreichen.

Zu den einheimischen Nadelgehölzen gehört die auch als Gemeine Eibe bezeichnete Europäische Eibe *(Taxus baccata)*. Etwas nachteilig ist bei diesem Gehölz, dass fast alle Teile giftig sind. Bei vielen Menschen können durch häufiges Berühren Hautirritationen ausgelöst werden. Aus diesem Grund sollte man beim Beschneiden einer Eibenhecke unbedingt Handschuhe tragen.

Junge Eibenhecke

Thuja-Hecke

Zu den »Geheimtipps« unter den heckentauglichen Nadelgehölzen gehört auch der Gemeine Wacholder *(Juniperus communis)*, der sich sehr gut zum Anlegen einer Hecke eignet. Es handelt sich bei ihm um eine recht anspruchslose und zudem noch sehr pflegeleichte Art.

Beim Erwerb des Pflanzgutes sollte man genau darauf achten, dass es sich tatsächlich um den Gemeinen Wacholder und nicht um den auch als Stink-Wacholder bezeichneten Sadebaum *(Juniperus sabina)* handelt. Im Unterschied zum Gemeinen Wacholder fungiert der Sadebaum als Zwischenwirt für den Erreger des Birnengitterrostes *(Gymnosporangium sabinae)*.

Buchsbaum-Hecke

Zwei weitere Koniferen, die gelegentlich als Heckenpflanzen angeboten werden, sind die Serbische Fichte *(Picea omorika)* und die Gemeine Fichte *(Picea abies)*. Ein Nachteil beider Arten besteht darin, dass ältere Exemplare in ihren unteren Bereichen oft stärker auskahlen.

Ein Laubgehölz, das sich bereits seit langer Zeit großer Beliebtheit erfreut, ist der Lister *(Ligustrum vulgare)*, von dem die Sorte Atrovirens auch im Winter weitgehend grün bleibt.

Obwohl es sich dabei ebenfalls nicht um mitteleuropäische Arten handelt, werden sowohl der Buchsbaum *(Buxus sempervirens)* – natürliches Verbreitungsgebiet Mittel- bis Westchina –, die Immergrüne Heckenkirsche *(Lonicera nitida)* – natürliches Verbreitungsgebiet Mittelmeerraum über Frankreich bis Südengland –, als auch der Kirschlorbeer *(Prunus laurocerasus)* – natürliches Verbreitungsgebiet Kleinasien – gern als Hecken kultiviert. Ein Nachteil des Kirschlorbeers besteht darin, dass er sich unter den klimatischen Bedingungen Mitteleuropas nicht als absolut winterhart erwiesen hat. Bei auftretenden zweistelligen Minusgraden sterben zumindest zahlreiche

Kirschlorbeer

Blätter ab und bekommen dabei eine bräunliche Färbung. Des Weiteren ist der Schnitt dieses Gehölzes sehr zeitaufwendig, wenn die Blätter schonend behandelt werden sollen. Falls man nämlich diese mit der Heckenschere anschneidet, werden sie anschließend ebenfalls allmählich braun.

In den letzten Jahrzehnten konnten sich auch mehrere Bambusarten (von mehreren Arten existieren auch schon Sorten) als immergrüne Heckenpflanzen etablieren. Trotz der verholzenden Stängel handelt es sich bei ihnen – rein botanisch betrachtet – um keine Gehölze, sondern um Vertreter aus der Familie der Süßgräser (Poaceae). Bambus zeichnet sich durch seine Anspruchslosigkeit sowie eine enorme Wuchsfreudigkeit aus. Zudem lässt er sich gut schneiden. Da Bambus oftmals bei der Gestaltung von Wassermotiven Verwendung findet, wird häufig angenommen, dass er feuchte bis nasse Böden besonders mag. Doch das ist ein Irrtum. Die meisten Bambus-Vertreter kommen zwar mit derartigen Standortbedingungen noch gut zurecht, aber sie mögen eher mäßig feuchte Bodensubstrate.

Im Vergleich zum Bambus ist die sommergrüne Salweide *(Salix caprea)* regelrecht für sehr feuchte bis staunasse Böden prädestiniert. Beispielsweise bietet sich dieses Gehölz an, um eine Grundstücksgrenze einzufrieden, die sich in unmittelbare Nähe eines Bachlaufes befindet. Als positiven Nebeneffekt tragen die Weiden zur Stabilität der Uferböschung bei, indem sie das dort befindliche Erdreich mit ihren Wurzeln festhalten.

Staketenartig angelegter lebender Zaun aus Weidenstecklingen.

Bei der Hasel (li.) und dem Weißdorn (re.) handelt es sich um sommergrüne, sehr robuste Gehölze.

Als weitere einheimische, sommergrüne Gehölze haben sich Hainbuche *(Carpinus betulus)*, Feldahorn *(Acer campestre)*, Gemeine Hasel *(Corylus avellana)*, Weißdorn (Crataegus spec.) und Rotbuche *(Fagus sylvatica)* für Heckenanpflanzungen sehr gut bewährt.

Von der Rotbuche existiert eine farblich sehr ansprechende Mutante, die weinrötliches Laub hervorbringt und als Blut- oder Purpurbuche *(Fagus sylvatica f. purpurea)* bezeichnet wird. Wenn man sich für eine Buchenhecke entscheidet und farbliche Abwechslung mag, lassen sich in diese beispielsweise alternierend grün- sowie rotblättrige Buchen integrieren. Dabei han-

Hainbuchenhecke

Jahreszeitenhecke

delt es sich zugleich um die einfachste Form einer Mischhecke. Allerdings bestehen die meisten Mischhecken nicht nur aus einer Art mit unterschiedlich gefärbtem Laub, sondern aus verschiedenen Arten.

Eine Spezialform der Mischhecke stellt die sogenannte Jahreszeitenhecke dar. Bei der Planung einer solchen Hecke steht fast immer im Vordergrund, dass sie eine umfangreiche Palette an Arten mit farblich attraktivem Laub enthält und zu allen Jahreszeiten Blüten vorhanden sind. Außerdem werden Jahreszeitenhecken zumeist nicht stärker in »Form« geschnitten. Stattdessen lässt man die Sträucher uneingeschränkt wachsen, damit sie ihre typischen natürlichen Wuchsformen entfalten können

Die Blüten sowie die sich daraus entwickelnden Früchte/Samenstände einer Jahreszeitenhecke stellen abwechslungsreiche Nahrungsquellen für zahlreiche Vogel- und Insektenarten dar. Gleichzeitig erweist sich diese Hecke als Versteck- und Nistplatz für einige Tierarten. In der folgenden Tabelle sind Beispiele für Gehölzarten aufgelistet, die gern bei der Zusammenstellung einer Jahreszeitenhecke gewählt werden.

Frühjahrsblüher	Sommerblüher	Herbstblüher	Winterblüher
Forsythie, *Forsythia × intermedia*	Schwarzer Holunder, *Sambucus nigra*	Schmetterlingsflieder, *Buddleja davidii*	Winterschneeball, *Viburnum x bodnantense*
Ranunkelstrauch, *Kerria japonica*	Hirschholunder, *Sambucus racemosa*	Eingriffeliger Weißdorn, *Crataegus monogyna*	Winter-Jasmin, *Jasminum nudiflorum*
Glanzmispel *Photinia fraseri*	Pfeifenstrauch, *Philadelphus coronarius*	Liebesperlenstrauch, *Callicarpa bodinieri*	Winterblüte, *Chimonanthus praecox*
Kirschlorbeer, *Prunus laurocerasus*	Hundsrose, *Rosa canina*	Buschklee, *Lespedeza thunbergii*	Gemeine Hasel, *Corylus avellana*
Perlmuttstrauch, *Kolkwitzia amabilis*	Brombeere, *Rubus fruticosus*	Rispenhortensie, *Hydrangea paniculata*	Zaubernuss, *Hamamelis virginiana*
Schlehe, *Prunus spinosa*	Deutscher Ginster, *Genista germanica*	Japanisches Geißblatt, *Lonicera japonica*	Kornelkirsche, *Cornus mas*

Die Hundsrose (li.) und die Brombeere (re.) sind Vertreter der Sommerblüher.

Winterschneeball

Forsythie

Zaubernuss in Blüte.

Bei der Planung von Heckenpflanzungen in Wohngebieten sollten unbedingt die im Nachbarschaftsgesetz festgeschriebenen Mindestabstände berücksichtigt werden. Dadurch vermeidet man Streitfälle, die sogar vor Gericht landen können. Im ungünstigsten Fall bleibt man dann nicht nur auf den Prozesskosten sitzen, sondern muss die Hecke außerdem auf den vorgeschriebenen Mindestabstand zurücksetzen.

Um eine geplante Hecke in die Realität umzusetzen, benötigt man logischerweise Pflanzgut. Von einigen Gehölzarten kann man dieses nicht nur in einer Gärtnerei oder in einem Baumarkt erwerben, sondern in einer Do-it-yourself-Aktion produzieren.

Hierzu schneidet man im Spätwinter oder zeitigem Frühjahr sogenannte Steckhölzer. Dabei handelt es sich um kräftige Triebe, die in den Vorjahren gewachsen sind und sich im oberen Drittel des Gehölzes befinden. Allerdings sollte man nicht die Triebspitzen, sondern die verholzten Teile aus den etwas darunter liegenden Bereichen verwenden. Die Steckhölzer müssen mindestens 25 cm lang sein und 4 oder mehr Blattknospenansätze haben.

Hier wird Wurzelnacktes Pflanzgut zum Anlegen einer Hecke verwendet.

Das Abschneiden muss so erfolgen, dass das untere Ende des Steckholzes eine schräge Schnittfläche aufweist.

Das Stecken in den Boden kann stattfinden, sobald dieser nicht mehr gefroren ist. Zuvor lockert man das Erdreich, wobei gegebenenfalls Unkräuter mit entfernt werden. Von den Steckhölzern platziert man die unteren Bereiche leicht angeschrägt im Erdreich, sodass danach noch die oberen zwei Drittel aus dem Boden ragen. Hervorragend zur Stecklingsvermehrung eignen

Schwarzer Holunder, hier ein Exemplar in voller Blüte, ist eine von zahlreichen Straucharten, die sich gut zur Stecklingsvermehrung eignen.

sich beispielsweise Forsythie, Gemeine Hasel, Holunder, Hundsrose, Kornelkirsche, Liguster, Salweide, Sommerflieder und Winterschneeball.

Pro laufendem Meter setzt man etwa 3–5 Stecklinge ins Erdreich. (Im Unterschied dazu sollten beim Anlegen einer Jahreszeitenhecke zwischen zwei benachbarten Sträuchern – in Abhängigkeit von der Art und deren Platzbedürfnissen – Pflanzabstände von 1–3 Meter vorhanden sein.) Vor dem Pflanzen der Stecklinge hat es sich bewährt, einen kleinen, durchgängigen Graben zu ziehen, in dem diese platziert werden. Dagegen ist es vor dem Kultivieren großer, in Containern befindlicher Gehölze oft ratsamer, einzelne Pflanzlöcher auszuheben.

»Reparatur« einer Hecke

Manchmal geschieht es, dass eine oder mehrere Pflanzen einer Hecke absterben. In diesem Fall hat es sich bewährt, die abgestorbenen Exemplare samt Wurzelballen auszugraben und in jedes entstandene Loch eine neue Pflanze einzusetzen. Anschließend füllt man die Löcher mit hochwertiger Erde (vorzugsweise Garten- oder Komposterde) auf. Besteht die Hecke aus Arten, die sich zur Stecklingsvermehrung eignen, kann man nach dem Entfernen der abgestorbenen Pflanzen und dem Auffüllen der Löcher auch mehrere junge, nicht verholzte Seitentriebe benachbarter Pflanzen als Absenker verwenden. Zu diesem Zweck biegt man einen Trieb bis auf den Boden und fixiert diesen mit zwei oder drei Metallkrampen. Anschließend bedeckt man den Trieb mit Erde und klopft diese mit der flachen Hand fest. Dabei ist darauf zu achten, dass die Spitze des Triebes nach dem Einpflanzen mindestens 15 cm aus dem Erdreich ragt und an dem im Boden befindlichen Bereich alle Blätter entfernt wurden. Nach 8–12 Wochen haben die Triebe Wurzeln ausgebildet und können von der Mutterpflanze getrennt werden.

Nachdem die Stecklinge angewachsen sind und Blatter gebildet haben, sollten sie im Juni/Juli (idealerweise bei leicht regnerischem Wetter) um ein Drittel zurückgeschnitten werden. Dieser Rückschnitt bewirkt, dass die Ge-

Unter einer Kirschlorbeerhecke ausgebrachter Rindenmulch.

hölze anschließend üppiger wachsen und verstärkt Seitentriebe bilden, welche die Basis für eine dichte Heckenstruktur bilden.

Für eine optimale Entwicklung muss der Boden für die meisten neu eingesetzten Heckenpflanzen während der »Startphase« stets etwas feucht sein. Um das zu gewährleisten, gießt man die Hecke entweder regelmäßig oder bringt darunter eine dicke Schicht aus Rindenmulch aus. (Letzterer sollte nicht von Gehölzen stammen, die einen sehr hohen Gerbsäureanteil aufweisen, wie etwa Eichen oder Erlen, weil man dadurch einer Versauerung des Erdreichs Vorschub leistet.)

Der Mulch sorgt weitgehend dafür, dass sich kein Unkraut ansiedelt, welches das Wachstum und die Entwicklung der Hecke beeinträchtigt. Möchte man keinen Mulch ausbringen, weil sich oft Nacktschnecken darin verstecken, müssen aufkommende Unkräuter regelmäßig entfernt werden. Frei nach dem Motto »Wehret den Anfängen«, sollte man die Hecke immer im Blick haben und auflaufendes Unkraut sofort samt Wurzeln entfernen. So erspart man sich später zeit- und kraftaufwendige »Säuberungsaktionen«.

Des Weiteren hat es sich als günstig erwiesen, Hecken zweimal pro Jahr eine Düngergabe zu verabreichen. Die erste Düngung sollte zwischen März und April und die zweite im Juni erfolgen. Am besten verwendet man dafür einen speziellen Hecken- oder Gehölzdünger. Als Alternative haben sich Hornspäne bewährt, bei denen es sich ebenfalls um einen hervorragenden Dünger handelt. Weil die Zersetzung der Hornspäne über relativ große Zeiträume erfolgt, stellen sie eine nahezu ideale, langsam fließende Nährstoffquelle dar. Ein Nachteil der Hornspäne besteht leider darin, dass sie vergleichsweise teuer sind und deshalb ihre Verabreichung an einer langen Hecke sehr kostenintensiv sein kann.

Bei einer neu angelegten Hecke sollte zumindest in der Anfangszeit auch eine regelmäßige Lockerung des Bodens durch Hacken erfolgen. Dabei ist es ratsam, vorsichtig zu Werke zu gehen, um die Wurzeln nicht zu beschädigen. Obwohl beim Hacken die Entfernung unliebsamer Unkräuter mit erfolgt, ist das nicht das primäre Ziel. Stattdessen dient das Hacken vor allem dazu, verkrustete Bodenstrukturen zu lockern bzw. aufzubrechen, wodurch reichlich

Hornspäne sind ein guter und zugleich sehr umweltfreundlicher Langzeitdünger.

neue Eintrittspforten für Luft und Wasser geschaffen werden. Vorzugsweise sollte man die Hecke während der heißen Mittagstunden hacken. Unkräuter, die dabei mit ihren Wurzeln aus dem Boden befördert werden, haben anschließend – im Unterschied zu feuchtem Wetter – kaum eine Chance wieder anzuwachsen.

Die meisten Gartenfreunde halten ihre Hecken durch regelmäßiges Beschneiden »in Form«. Unter der Maßgabe, dass man Rücksicht auf heckenbrütende Vögel nimmt, ist ein solcher Formschnitt nur nach einer gründlich durchgeführten Inspektion möglich. Stellt man dabei fest, dass noch Vögel in der Hecke brüten oder ihre Jungen aufziehen, muss der Schnitt um ein paar Tage verschoben werden.

Beabsichtigt man dagegen, eine alte, nicht mehr wuchsfreudige Hecke komplett zu erneuern oder einen Radikalschnitt bis auf den Stock vorzunehmen, darf das gemäß § 39 des Bundesnaturschutzgesetzes nur im Zeitraum vom 1. Oktober bis zum letzten Tag im Februar erfolgen.

Nisten Vögel in der Hecke, muss der Schnitt um ein paar Tage verschoben werden.

Bei der Gestaltung einer Buchsbaumhecke sind der individuellen Fantasie kaum Grenzen gesetzt.

Die Schnittführung ist vorzugsweise so vorzunehmen, dass die Hecke einen leicht trapezförmigen Querschnitt erhält, also sich von unten nach oben etwas verjüngt. Durch diese Schnittform verhindert man, dass die unteren Heckenbereiche auskahlen. Diese Bereiche erhalten dann ebenfalls immer genügend Licht, wodurch sie weitere Blätter und junge Triebe entwickeln können.

Beim Beschneiden von Hecken, insbesondere wenn diese aus dicht gewachsenen Arten mit relativ kleinem Laub bestehen, sind der individuellen Fantasie kaum Grenzen gesetzt. Wer es mag, kann in die oberen Bereiche der Hecke Formelemente, wie etwa Spitzkegel oder Kugeln, schneiden.

»Strauchinseln« mit mehrfachem Nutzen

Wenn es die vorhandene Fläche erlaubt, bietet es sich an, eine oder mehrere »Strauchinseln« im Garten zu gestalten. Dabei handelt es sich um Bereiche, die relativ dicht mit Sträuchern bepflanzt werden. Es ist außerdem möglich, ein oder zwei Bäume in derartige »Inseln« zu integrieren, sodass die Sträucher als Unterholz fungieren. Als Pflanzmaterial für solche Inseln eignen sich sowohl Zier- als auch Wildstraucharten, wie etwa der als Pfaffenhütchen bekannte Spindelstrauch *(Euonymus europaeus)*, Schlehe *(Prunus spinosa)*, Flieder (*Syringa vulgaris*-Hybriden), Weißdorne (Crataegus spec.) und Forsythie *(Forsythia* × intermedia*)*, besonders gut.

Schlehensträucher lassen sich sehr gut in Gehölzinseln integrieren.

Flieder eignet sich ebenfalls gut für eine Gehölzinsel.

Darüber hinaus besteht die Möglichkeit, in einer Strauchinsel Schönes mit Nützlichem zu verbinden, indem beispielsweise Hundsrosen *(Rosa canina)*, Hasel *(Corylus avellana)*, Kornelkirsche (*Cornus mas)* und Holunder *(Sambucus spec.)* mit angepflanzt werden. Deren Früchte lassen sich sowohl in der Küche als auch in der Hausmedizin in vielfältiger Weise verwenden.

Wer möchte, kann in Abwandlung einer Jahreszeitenhecke eine Jahreszeiten-Gehölzinsel anlegen, die sich ebenfalls als optische Bereicherung im Garten erweist.

Igel mögen Gärten mit reichlich Unterholz.

Strauchinseln fungieren aber nicht nur als optische Bereicherungen, Kohlendioxidverwerter, Lieferanten von zusätzlichem Sauerstoff und Feinstaubfilter, sondern stellen gleichzeitig wichtige Refugien, Nistplätze und »Kinderstuben« für die unterschiedlichsten Tierarten dar. Beispielsweise fühlen sich Igel in unterholzreichen Gärten sehr wohl und nehmen dort befindliche, trockene Falllaubhaufen gern als Überwinterungsquartiere an.

Aufsteigendes Grün

Durch eine Fassadenbegrünung lässt sich im wahrsten Sinne des Wortes ein Häuschen oder eine Laube »im Grünen« schaffen. Zu diesem Zweck werden Gehölze oder krautige Pflanzen an Wänden und/oder Pergolen emporgeleitet. Das Ziel einer solchen Fassadenbegrünung besteht darin, dass die betreffenden Wände/Pergolen teilweise oder komplett von Blättern bedeckt werden. Hierzu kann man die Pflanzen ganz gezielt in die Höhe leiten, damit sie den eigenen Begrünungsvorstellungen entsprechen. Als ratsam hat sich

auch ein gelegentliches in-Form-Schneiden erwiesen. Lässt man dagegen bestimmte Arten weitgehend unkontrolliert wachsen, kann das im Laufe der Zeit zu Problemen führen. Beispielsweise winden sich sowohl üppig wachsender Japanischer Blauregen *(Wisteria floribunda)* als auch Chinesischer Blauregen *(Wisteria sinensis)* oft um die Fallrohre von Dachrinnen. Im Laufe der Zeit entwickeln diese Pflanzen mit ihren verholzten Strukturen mitunter derartig viel Kraft, dass sie die Fallrohre zusammendrücken.

Bei Pflanzen, die sich zur Fassadenbegrünung eignen, unterscheidet man zwischen Selbst- und Gerüstkletterern. Wie es bereits der Name vermuten lässt, benötigen die auch als Selbstklimmer bezeichnenden Selbstkletterer keine Kletterhilfe. Stattdessen besitzen diese Arten spezielle Kletterwurzeln oder Haftscheiben, die es ihnen ermöglichen, dauerhaft an einem senkrecht emporsteigenden Untergrund Halt zu finden. Sie neigen allerdings

Blauregen sollte man möglichst nicht unkontrolliert wachsen lassen.

auch dazu, mit diesen Haftorganen in Ritzen zu wachsen. Um das zu vermeiden, sollten sie nur an unbeschädigten Fassaden emporgeleitet werden, weil es sonst durch das Hineinwachsen in die Ritzen zu großflächigen Absprengungen des Putzes oder gar Teilen des Mauerwerkes kommen kann. Zu den selbstkletternden Arten gehören beispielsweise Efeu *(Hedera helix)*, von dem sich auch Sorten mit panaschiertem Laub großer Beliebtheit erfreuen, und Wilder Wein *(Parthenocissus tricuspidata)*.

Im Unterschied dazu benötigen die Gerüstkletterer eine Rankhilfe an der sie empor geleitet und dabei partiell mit Fäden, Bast oder sonstigen Hilfsutensilien fixiert werden. Zu den Gerüstkletterern gehören unter anderem Waldreben-Arten und -Hybriden (Clematis spec.), Garten-Geißblatt *(Lonicera caprifolium)*, Kletterrosen (Rosa spec.), Weinreben *(Vitis vinifera)* und Kletterhortensien *(Hydrangea petiolaris)*.

Spalierobstgehölze, die so eng wie möglich an Hauswänden angepflanzt werden, kann

Kletterhortensie

Viele Clematis-Hybriden bringen sehr attraktive Blüten hervor.

man als eine indirekte Form der Fassadenbegrünung ansehen. Sie erweist sich als Win-Win-Effekt, denn die Blätter dieser Gehölze beschatten die Wände und schützen sie vor Verschmutzung und aggressiver Sonneneinstrahlung, welche den Farbanstrich ausbleicht. Gleichzeitig wird die vom Haus ausgestrahlte Wärme besonders effektiv durch heikle Gehölze genutzt, wodurch beispielsweise zeitig blühende Arten/Sorten zu einem umfangreicheren Fruchtansatz kommen, weil weniger Blüten durch Fröste vernichtet werden. Stellvertretend für derartige heikle Gehölze sei die Aprikose *(Prunus armeniaca)* genannt.

Kurz und nicht gut

Unter einem Rasen versteht man eine durch den Menschen geschaffene, fast ausschließlich aus Gräsern bestehende Vegetationsdecke. Derartige Rasenflächen sind häufig in städtischen Parks, Gärten und Sportanlagen, wie etwa auf Golf- und Fußballplätzen, vorhanden. Der sogenannte Englische Rasen, bei dem es sich um eine dicht gewachsene, sattgrüne, möglichst unkrautfreie und vor allem gleichmäßig kurz gehaltene Vegetationsfläche handelt, gilt dabei oft als Ideal.

Sowohl unter dem Aspekt des Klimaschutzes als auch vom gesamtökologischen Standpunkt aus gesehen, erweisen sich derartige Rasenflächen jedoch

Ein sogenannter Englischer Rasen auf einem Sportplatz.

als ineffizient. Sie binden kaum Kohlendioxid und Feinstaub. Außerdem produzieren diese Rasenflächen nur sehr geringe Mengen an Sauerstoff. Gleichzeitig stellen sie für die meisten Tierarten einen äußerst uninteressanten Lebensraum dar. So finden beispielsweise Bienen und andere Nektar suchende Insekten auf diesen Flächen keine Nahrung.

Ebenso wählen Tiere fast nie einen kurzgeschorenen Rasen als Versteck oder gar Nistplatz aus. Er fungiert lediglich als Fläche, auf der sich gelegentlich einige Vogelarten einfinden, um Nahrung zu suchen. Diese Nahrung besteht dann vornehmlich aus Regenwürmern. Letztere finden in Form kleiner Rasenpartikel, die beim Mähen fast immer anfallen, einen reich »gedeckten Tisch«. Dieser hat sich wiederum als gute Grundlage für eine üppige Vermehrung der Regenwürmer erwiesen.

Im Unterschied zu einem Rasen stellt eine Wiese einen ökologisch weitaus wertvolleren Lebensraum dar. Bei einer Wiese handelt es sich zwar genau wie beim Rasen um eine geschlossene Vegetationsfläche, die jedoch aufgrund ihrer Artenvielfalt und Wuchshöhe eine deutlich positivere Wirkung auf das Klima ausübt. Sieht man einmal von Spezial- und Ausnahmeformen ab, lässt sich eine Wiese als eine Pflanzengesellschaft definieren, die hauptsächlich aus Gräsern und Kräutern besteht. Unter letzteren befinden sich zumeist auch zahlreiche Leguminosen.

Bienen und andere Insekten finden auf einem Englischen Rasen keine Nahrung.

Wiese im Frühjahr.

Leguminosen

Bei den auch als Hülsenfrüchtlern bezeichneten Leguminosen (Fabaceae) handelt es sich um eine der artenreichsten Pflanzenfamilien innerhalb der Ordnung der Schmetterlingsblütenartigen (Fabales). Alle Vertreter dieser Ordnung zeichnen sich dadurch aus, dass sie in Symbiose (Lebensgemeinschaft zweier Arten zum gegenseitigen Vorteil) mit nützlichen Knöllchenbakterien leben. Diese befinden sich auf den Wurzeln der Hülsenfrüchtler und sind in der Lage, große Mengen Luftstickstoff zu binden. Davon geben sie den Hauptteil an die Leguminosen ab. Im Gegenzug erhalten die Bakterien einen Teil jener Kohlenhydrate, den die Leguminosen im Rahmen ihrer Fotosynthese produzieren. Beispiele für Leguminosen sind Wiesen- sowie Weißklee, Platterbsen, Luzerne und Esparsette, aber auch Robinien und Ginsterarten.

Sowohl der oft als Rotklee (li.) bezeichnete Wiesenklee als auch die Esparsette (re.) gehören zu den Leguminosen.

Des Öfteren befinden sich auf Wiesen vereinzelte Bäume und Sträucher oder kleine Gehölzgruppen. Im Unterschied zu Weiden, auf die Tiere zum Zwecke des Abfressens getrieben werden, erfolgen auf landwirtschaftlich genutzten Wiesen jährlich zumeist 2–3 Mahden. Dabei sind die Abstände zwischen zwei Mahden fast immer so groß, dass sich die meisten Pflanzen gut regenerieren und Insekten sowie anderen Wildtieren als Nahrungs-, Versteck- und Brutplätze dienen können.

Der Brennnesselbusch in der Schmetterlingswiese

Vielleicht besteht auf einer kleinen sonnigen Fläche des Gartens (auch wenn diese nur ein paar Quadratmeter groß ist) die Möglichkeit, eine Minischmetterlingswiese anzulegen. Diese wird in der Regel auch von Bienen gern besucht.

Zum Anlegen einer Schmetterlingswiese erwirbt man entweder eine fertige Saatgutmischung oder man gestaltet diese mit Stauden, die über nektarreiche Blüten verfügen. Solche nektarreichen Blüten besitzen unter anderem Zitronenmelisse *(Melissa officinalis)*, Wasserdost *(Eupatorium cannabinum)*, Gartensalbei *(Salvia nemorosa)*, Katzenminze *(Nepeta cataria)*, Lavendel *(Lavandula angustifolia)*, Sonnenhut (Echinacea spec.), Margarite *(Leucanthemum vulgare)* und Herbstastern *(Aster dumosus)*.

Roter Sonnenhut

Admiral

Kleiner Fuchs

Mitunter siedelt sich auch die Große Brennnessel *(Urtica dioica)* ohne menschliches Zutun auf einer solchen Schmetterlingswiese an. In diesem Fall empfiehlt es sich, einen kleinen buschähnlichen Bestand dieser Staude zu erhalten. Es soll jedoch niemand dazu animiert werden, das gesamte Beet von Brennnesseln zuwuchern zu lassen. Vielmehr ist der Bestand dahingehend »im Zaum zu halten«, dass außerhalb des Brennnesselbuschs auftretende Exemplare sofort und vor allem mit sämtlichen Wurzeln entfernt werden. Außerdem erweist es sich als sinnvoll, die Stängel des Brennnesselbuschs kräftig zurückschneiden, bevor diese Samen ausbilden.

Für zahlreiche Edelfalter, wie etwa den Admiral *(Vanessa atalanta)*, den Kleinen Fuchs *(Aglais urticae)* und das Tagpfauenauge *(Aglais io)*, dienen Brennnesseln nicht nur zur Eiablage, sondern auch als Nahrung für ihre oft als Raupen bezeichneten Larven.

Unabhängig davon, ob man eine klassische Schmetterlingswiese oder einen insektenfreundlichen Staudenbereich gestalten möchte, sollte in diesem Gartenbereich unbedingt auf den Einsatz von Pestiziden und möglichst auch auf chemische Dünger verzichtet werden. Im Unterschied dazu ist gegen eine gelegentliche, mäßige Gabe von Hornspänen oder Urgesteinsmehl nichts einzuwenden. Um Verschmutzungen zur vermeiden, sollten die Verabreichung dieser beiden »Naturdünger« nicht über die Blüten und Blätter erfolgen, sondern direkt an den »Füßen« der Pflanzen ausgebracht werden.

Weniger Brachzeiten

Gemüsepflanzen und Gartenblumen entziehen der Luft deutlich weniger Kohlendioxid als die meisten Gehölze.

Trotzdem hilft auch das Leistungsvermögen dieser Pflanzen im Kampf gegen die Erderwärmung, denn jeder noch so kleine Beitrag zählt! Im Rahmen dieses Kampfes hat es sich als besonders nachhaltig erwiesen, wenn Beete nie für eine längere Zeit brach liegen, sondern fast ganzjährig von Pflanzen bestanden werden. Insbesondere beim Anbau von Gemüse und Küchenkräutern ist es durch effektiv gestaltete Fruchtfolgen möglich, die Brachzeiten auf ein Minimum zu reduzieren.

Unter einer Fruchtfolge versteht man die Aneinanderreihung von Nutzpflanzen, die im Verlauf von mehreren Jahren auf einem Beet kultiviert werden. Um Fruchtfolgen optimal zu planen, hat man die einzelnen Gemüsearten in Haupt-, Zwischen- sowie Vor- und Nachfrüchte unterteilt. Zu den Hauptfrüchten rechnet man jene (zumeist langsam wüchsigeren) Arten, die während des größten Teils der Vegetationsperiode das Beet für sich beanspruchen. Zu diesen Arten gehören beispielsweise Möhre, Tomate, Sellerie und Schwarzwurzel.

Im Unterschied dazu handelt es sich bei den meisten Vor- und Nachfrüchten um schnellwüchsige Arten, denen bereits relativ wenig Zeit genügt, um optimale Er-

Obwohl Gemüsepflanzen (oben) und Gartenblumen (unten) der Luft zwar weniger Kohlendioxid entziehen als Sträucher, leisten auch sie einen kleinen Beitrag für den Erhalt des Klimas.

Spinat hat sich als eine sehr schnell wachsende Vor- beziehungsweise Nachfrucht erwiesen.

träge zu liefern. Sie werden deshalb vor bzw. nach einer Hauptfrucht kultiviert. Sehr beliebte Vor- und Nachfrüchte sind z. B. Radieschen, Kresse und Spinat. Bei den Zwischenfrüchten handelt es sich um Arten, die zwischen zwei Hauptfrüchten angebaut werden. Ein Beispiel hierfür ist überwinternder Feldsalat.

Das nachfolgende Beispiel zeigt, wie sich eine mehrjährige Fruchtfolge auf einem Beet gestalten lässt (die Römischen Ziffern stehen dabei für die jeweiligen Kalendermonate).

Jahr	Kulturen	Aussaat/ Pflanzung (P)	Ernte
1	Radieschen Erbsen Grünkohl	Ende II – Anfang III Ende IV Anfang VII (P)	Mitte – Ende IV Ende VI Ende XI –
2	Grünkohl Kresse Gurken Spinat (Wintersorte)	Ende III – Anfang IV Ende V – Anfang VI (P) Mitte – Ende IX	Ende II Ende IV – Ende V Mitte VIII – Ende IX
3	Spinat (Wintersorte) Buschbohnen Rosenkohl	Mitte V Mitte VII (P)	Ende III – Anfang V Mitte – Mitte VII Mitte XI –
4	Rosenkohl Rettich Porree (Wintersorte)	Anfang III Ende VI (P)	Anfang III Ende VI Anfang XI –
5	Porree (Wintersorte) Möhren Kopfsalat Erdbeeren	Anfang III Ende VI (P) Mitte-Ende VIII (P)	Ende II Ende VI Anfang VIII –Mitte VIII

Bei der Planung von Fruchtfolgen muss darauf geachtet werden, dass nicht über mehrere Jahre eng verwandte Arten, wie beispielsweise Blumen- und Grünkohl, auf dem gleichen Beet platziert werden. Dafür gibt es mehrere Gründe: Unter anderem scheiden Pflanzen über ihre Wurzeln Substanzen aus, die auf das Wachstum nah verwandter Arten hemmend wirken. Des Weiteren sind bei eng verwandten Arten die Nährstoffansprüche oft identisch, was zur Folge hat, dass dem Boden bestimmte Mineralien in überdimensionalen Mengen entzogen werden. Danach ist es für die betroffenen Beete besonders schwer, ihre Bodenfruchtbarkeit im vollen Umfang zu regenerieren. Eine ähnliche Situation entsteht, falls über mehrere Jahre ausschließlich stark Nährstoff zehrende Kulturen, wie etwa Kartoffeln, Gurken und Kürbisse, auf dem gleichen Beet angebaut werden.

Eine reduzierte Bodenfruchtbarkeit führt wiederum dazu, dass die Pflanzen in den Folgejahren weniger üppig wachsen und damit geringere Leistungen im Rahmen der Fotosynthese erbringen. Das bedeutet letztlich, dass sie auch weniger Kohlendioxid binden, um es in Kohlenhydrate umzuwandeln.

Um einer Verminderung der Bodenfruchtbarkeit entgegenzuwirken, sollte man unbedingt Leguminosen, wie Erbsen und Bohnen, in die Fruchtfolgen integrieren und/oder Ackersenf sowie Büschelschön (das auch als Bienenweide

Kopfsalat

Radieschen

Kürbisse zählen zu den Kulturen, die dem Boden sehr große Mengen an Nährstoffen entziehen.

Senf (li.) und Büschelschön (re.) eignen sich gut als Gründünger.

oder Phacelia bezeichnet wird) auf den Beeten aussäen. Durch das Eingraben von jungen Senfpflanzen oder Büschelschön als Gründünger erreicht man eine Verbesserung der Humusbilanz im Boden.

Ein weiterer Aspekt, der sich durch kurze Brachzeiten erreichen lässt, ist die für die Erhaltung der Bodenfruchtbarkeit wichtige Schattengare. Darunter versteht man die Überdeckung des Bodens durch die Schatten, welchen die auf dem jeweiligen Beet wachsenden Pflanzen werfen. Unter anderem bewirkt die Schattengare ein langsameres Austrocknen des Bodens, wodurch sich die Lebensbedingungen für die im Erdreich befindlichen Mikroorganismen verbessern. Außerdem bleibt in einem beschatteten Boden der Humus länger erhalten. Ein weiterer positiver Effekt besteht darin, dass die Beetoberflächen weniger stark verkrusten und Niederschläge schneller ins Erdreich einsickern können.

Verbesserte Humusbilanz durch weniger Verbrennung

In mehreren Bundesländern existieren (Ausnahme-)Regelungen, die ein Verbrennen von Gartenabfällen, wie beispielsweise Laub und Heckenschnitt, gestatten. Neben Treibhausgasen und Wärme entstehen dabei auch gesundheitsgefährdende Schadstoffe, wie etwa polyzyklische aromatische Kohlenwasserstoffe, Stickoxide, Kohlenmonoxid und Ruß.

Befürworter des Verbrennens argumentieren, dass beim Verkompostieren von Gartenabfällen neben Energie in Form von Wärme weitere Verbindungen wie Kohlendioxid und Ammonium freigesetzt werden. Das ist richtig und soll nicht bestritten werden. Allerdings entstehen dabei keine gesundheitsgefährdenden Substanzen, von denen mehrere sogar krebsauslösend sind. Schon aus diesem Grund sollte man der Verkompostierung von Gartenabfällen den Vorzug geben oder diese als Gründünger in den Boden eingraben, wo sie letztlich ebenfalls zersetzt werden. Diese Zersetzung des Gründüngers ähnelt jenen Prozessen, die im Komposter ablaufen, und werden von Teilen des Edaphons übernommen. Im Rahmen des Zersetzungsprozesses wandelt das Edaphon schrittweise die grob zerkleinerten Gartenabfälle sowohl zu mineralischen Bestandteilen als auch zu Humus um. Bei letzterem handelt es sich um die Gesamtheit aller im Boden befindlichen, extrem fein zersetzten organischen Substanzen, wobei zwischen Nähr- und Dauerhumus unterschieden wird.

Durch Kompostierung ist eine deutlich umweltfreundlichere Entsorgung von Gartenabfällen möglich als durch Verbrennen.

Edaphon

Unter dem Edaphon (von griech. edaphos »Erdboden«) versteht man die Gesamtheit aller im Boden lebenden tierischen und pflanzlichen Organismen. Das Edaphon umfasst neben Käfern und Regenwürmern vor allem unzählige Bakterien, sonstige mikroskopisch kleine Einzeller sowie Algen, winzige Pilze, Fadenwürmer und Springschwänze.

Im Vergleich zum Nährhumus, der zahlreiche für Pflanzen schnell verfügbare Bestandteile enthält, trägt der Dauerhumus zur Bildung der Krümelstruktur bei und weist aufgrund seiner vielen Kolloide (klebstoffartige Substanzen) ein hohes Bindevermögen für mineralische Nährstoffe und Wasser auf. Dadurch verhindert er weitgehend, dass die Mineralstoffe in tiefer gelegene Bodenschichten triften, wo sie für die Wurzeln der meisten Gartenpflanzen unerreichbar wären. Diese Eigenschaft wirkt sich wiederum positiv auf die Bildung von mehr Biomasse und dadurch letztlich auf höhere Erträge aus.

Im Vergleich zum Humus sind die bei einer Verbrennung von organischen Materialien anfallenden Rückstände (im Wesentlichen Asche) als ökologisch weniger wertvoll einzustufen. Die Asche eignet sich aufgrund der reichlich vorhandenen Mineralstoffe zwar ebenfalls als Dünger, aber ihr fehlen gänzlich die humosen Bestandteile der Komposterde.

Humusreiche Erde.

Die Temperatur beeinflusst das Arbeitstempo des Edaphons sehr stark.

Unter der Voraussetzung, dass im jeweiligen Bodensubstrat ausreichend Feuchtigkeit enthalten ist, arbeitet das Edaphon in den Sommermonaten besonders schnell und effektiv. Diese Tatsache basiert vor allem auf der auch als RGT-Regel bezeichneten van`t Hoffschen-Temperaturregel. Sie besagt, dass bei einer Temperaturerhöhung von etwa 10 °C alle Stoffwechselprozesse doppelt bis dreimal so schnell ablaufen (vorausgesetzt diese Erhöhung nähert sich dem von der jeweiligen Art bevorzugten Temperaturoptimum).

Gemäß der van`t Hoffschen-Temperaturregel erfolgen in der kalten Jahreszeit die Umwandlungsprozesse im Komposter deutlich langsamer. Trotzdem genügt die »Kraft« des im Komposter befindlichen Edaphons zumeist, um mit Erdreich vermischte Laubfälle bis zum Frühjahr so stark zu zersetzen, dass das entstandene Substrat in Beete eingegraben oder auf sonstigen Gartenflächen verteilt werden kann.

Reicht das Fassungsvermögen des Komposters nicht aus, kann man eine »Offenkompostierung« durchführen. Zu diesem Zweck mischt man das Falllaub mit Erde im Verhältnis 1:1 und lässt es so weiter verrotten. Diesen Verrottungsprozess kann man beschleunigen, indem das Falllaub möglichst klein gehäckselt wird. (Das sollte ohnehin mit allen anderen zu verkompostierenden Materialien erfolgen.) Durch dieses Zerkleinern erfolgt eine Vergrößerung der absoluten Oberfläche des Materials, wodurch das Edaphon mehr Angriffsflächen erhält und den Abbau forcieren kann.

Falllaub lässt sich auch offen verkompostieren.

Von Monilia befallenes Zweigende.

Ein Verbrennen von organischem Material ist lediglich anzuraten, wenn es sich dabei um Pflanzen(teile) handelt, die ansteckende Krankheiten aufweisen. Das ist zum Beispiel bei der sogenannten Spitzendürre der Fall, die der Pilz *Monilinia laxa* überträgt. Indem man die abgeschnittenen Zweigteile verbrennt, erfolgt eine völlige Vernichtung der Pilze. Dagegen sollte man es vermeiden, erkrankte Pflanzen(teile) in den Komposter oder Restmüll zu geben.

Viele Krankheitserreger verlieren nämlich trotz der recht hohen Temperaturen, die während der Umsetzungsphase in einem Komposter herrschen, nicht ihre Infektiosität. Stattdessen werden sie mit dem Ausbringen des Komposts im Garten sogar großflächig verteilt. Ähnlich verhält es sich mit erkrankten Pflanzenteilen, die in den Restmüll geworfen werden. Falls dieser Müll nicht in speziellen Verbrennungsanlagen entsorgt, sondern auf eine Deponie gebracht wird, bleibt die Infektiosität meist erhalten.

Verlockendes Wasser

Wasser ist die Grundlage allen Lebens auf der Erde. Daher verwundert es nicht, dass sich in Gärten, in denen sauberes, frei zugängliches Wasser vorhanden ist, zumeist deutlich mehr Tiere ansiedeln als auf »wasserlosen« Grundstücken.

Die häufigste Form einer frei zugänglichen Wasseransammlung ist der Gartenteich, den man auf größeren Parzellen auch mit einem kleinen nachgestalteten Bachlauf kombinieren kann.

Teilansicht eines recht naturnah gestalteten Gartenteichs.

Ein Gartenteich, dessen Uferbereiche mit Sumpfpflanzen und natürlichen Dekorationsgegenständen bestückt sind und auf dessen Wasseroberfläche See- oder Teichrosen blühen, trägt maßgeblich zur optischen Bereicherung der gesamten Gartenlandschaft bei. Bei der Gestaltung eines solchen Teichs sind der individuellen Fantasie kaum Grenzen gesetzt. Wer beispielsweise eine Vorliebe für die japanische Gartenkultur hat, kann seinen Teich nach derartigen Vorbildern anlegen.

Ein nachgestalteter Bachlauf.

Neben der optischen Bereicherung der Landschaft trägt der Gartenteich durch

Ein im japanischen Stil gestalteter Gartenteich.

das ständig verdunstende Wasser zur Verbesserung des Mikroklimas in der Umgebung bei. Darüber hinaus fungiert er als Laichgewässer und Lebensraum für Lurche sowie als beliebte Tränk- und Bademöglichkeit, die vor allem Vögel gern ausgiebig nutzen.

Für Besitzer eines Gartenteichs bietet es sich an, einen Teil des Wassers zum Gießen zu verwenden. Im Teichwasser sind stets mehr oder weniger große Mengen an gelösten Nährstoffen enthalten, die nach dem Vergießen als wertvolle, schnell aufnehmbare Pflanzendünger fungieren. Anschließend muss der Teich wieder mit Wasser aufgefüllt werden, welches vorzugsweise aus Regentonnen oder Zisternen stammt und zumeist deutlich weniger gelöste Nährstoffe als das Teichwasser enthält. Auf diese Weise verbessert man die Qualität des Teichwassers und spart Pflanzendünger ein.

Ebenso wie aus Gartenteichen eignet sich auch Wasser aus Aquarien, welches bei regelmäßigen Teilwasserwechseln anfällt, zum Gießen von (Gemüse)beeten. Dadurch spart man nicht nur zusätzliches Gießwasser ein, sondern belastet auch die Umwelt weniger, indem das ausgewechselte Aquarienwasser nicht in die Kanalisation gegossen wird.

Um nicht nur die Umwelt, sondern auch den Geldbeutel zu schonen, sollte man ohnehin bestrebt sein, wenig oder gar kein Gießwasser aus dem Leitungsnetz zu entnehmen, sondern dieses – wie bereits erwähnt – in Zisternen und/oder Regentonnen auffangen.

Falls ein solcher vorhanden ist, bietet es sich an, Gießwasser des Öfteren aus dem Gartenteich zu entnehmen.

Auch Wasser aus Aquarien eignet sich gut zum Gießen der Beete.

Regentonnen helfen Wassergeld zu sparen.

Tiere als Komponenten im biologischen Gleichgewicht

Landläufig werden Tiere nicht selten darauf reduziert, dass sie der Luft Sauerstoff entziehen und diese im Gegenzug mit Kohlendioxid anreichern. Auch wenn diese Aussage stimmt, handelt es sich dabei doch um eine äußerst einseitige, aus den biologischen Zusammenhängen herausgelöste Betrachtung. Weder die Tiere könnten auf Dauer ohne die Pflanzen überleben, noch wäre das umgekehrt möglich.

Fälschlicherweise haben viele Menschen beim Anblick einer Pflanzengesellschaft den etwas verklärten Eindruck, dass es sich dabei um eine sehr friedliche Gemeinschaft handelt. Doch dieser Schein trügt gewaltig. Ähnlich wie im Tierreich, herrscht auch unter Pflanzen ein erbitterter Kon-

Weder Tiere können auf Dauer ohne Pflanzen leben, noch ist das umgekehrt möglich.

Auch unter den Pflanzen herrscht ein erbitterter Konkurrenzkampf.

kurrenzkampf um die besten Standorte, das meiste Licht und die größten Mengen an verfügbaren Nährstoffen. Gelingt es dabei konkurrenzstärkeren Arten sich neben konkurrenzschwächeren anzusiedeln, werden letztere oftmals völlig verdrängt. Diese Verdrängung erfolgt zumeist über einen längeren Zeitraum. Man könnte auch sagen, es ist eine Art Sterben auf Raten.

Den Tieren kommt in diesem Konkurrenzkampf der Pflanzen eine regulierende Funktion zu. Indem sich bestimmte Arten vorwiegend auf das Fressen von konkurrenzstärkeren Pflanzenarten spezialisiert haben, sorgen sie dafür, dass diese nicht überhandnehmen. Dadurch entstehen für konkurrenzschwächere Pflanzenarten bessere Chancen, in diesem Kampf ums Überleben, zu bestehen. Eine wichtige Voraussetzung besteht allerdings darin, dass ein weitgehend ausgewogenes Verhältnis zwischen Tieren und Pflanzen vorhanden ist.

Indem Tiere konkurrenzstarke Pflanzen fressen, helfen sie indirekt konkurrenzschwächeren zu überleben.

Aufgrund zahlreicher negativer Umwelteinflüsse, für die zum Großteil der Mensch verantwortlich zeichnet, sind in den letzten Jahrzehnten bei vielen Arten stark rückläufige Individuenzahlen zu verzeichnen. Besonders stark sanken sie unter anderem bei Edelfaltern und Singvögeln. Letztere haben in der Vergangenheit nachhaltig dafür gesorgt, dass die Blattlauspopulationen nicht, wie es inzwischen der Fall ist, Überhand nehmen. Die zahlenmäßig angewachsenen Blattlauspopulationen schädigen wiederum immer mehr Pflanzen, wodurch diese weniger Kohlendioxid aus der Luft aufnehmen können.

Wenn Blattläuse in großen Individuenzahlen auftreten, können sie Pflanzen erheblich schädigen.

Holzstapel werden von einigen Vogelarten gern als Nistplätze angenommen.

Indem man hilft, die Bestände von blattlausfressenden Singvogelarten zu stabilisieren oder sogar zu vergrößern, leistet man folglich indirekt auch einen Beitrag zum Klimaschutz.

Neben dem Bereitstellen von Wasser bestehen weitere Möglichkeiten, den eigenen Garten tierfreundlich zu gestalten. Entscheidend ist, dass keine gestalterische Monotonie, sondern eine große strukturelle Vielfalt vorherrscht. Zu den Elementen, die auf viele Vögel einladend wirken, gehören neben den bereits vorgestellten Hecken, Strauchinseln, Bäumen und begrünten Fassaden auch größere Holzstapel sowie alte Mauern.

Die zwischen Holzscheiden und in alten Mauern vorhandenen kleinen Räume stellen für zahlreiche Nischen- und Halbhöhlenbrüter, wie etwa den Hausrotschwanz *(Phoenicurus ochruros)* und die Bachstelze *(Motacilla alba)*, willkommene Nistplätze dar. Des Weiteren haben sich Zaunpfähle, die an ihrem oberen Ende nicht spitz zulaufen, als gute Ruheplätze für verschiedene Singvögel erwiesen. Gleichzeitig

Star bei der Nahrungssuche auf einer Rasenfläche.

dienen solche Pfähle nicht selten als Ansitze, von denen die Vögel ihre Jagdflüge starten, um beispielsweise Fliegen zu erbeuten.

Ein vogelfreundlich gestalteter Garten bedeutet nicht, dass man generell auf eine (wohlgemerkt) kleinere Rasenfläche verzichten muss. Sowohl Stare *(Sturnus vulgaris)* als auch Amseln *(Turdus merula)* werden diese Fläche gelegentlich nutzen, um darauf nach Würmern, und Schnecken zu suchen.

Ein ornithologisches Wohnungsbauprogramm

Das Anbringen von geeigneten Nistmöglichkeiten ist ebenfalls ein wertvoller Beitrag, um die Vielfalt an Vogelarten nicht nur im Garten, sondern auch im Allgemeinen zu erhalten.

Bei der Auswahl geeigneter Bäume oder Gebäude, an denen das Anbringen der Nistmöglichkeiten erfolgen soll, gilt es zu beachten, dass die meisten Singvögel während der Brutzeit mehr oder minder große Reviere besetzen. In diesen Revieren werden oftmals keine Artgenossen geduldet. Deshalb hat es sich in sehr kleinen Gärten oft nicht bewährt, mehrere Nistmöglichkeiten für die gleiche Vogelart zu installieren. Stattdessen sollte man lieber mehrere Nisthilfen für verschiedene Arten anbieten. Falls in einem weitläufigen Garten mehrere gleichartige Nisthilfen geplant sind, empfiehlt es sich, die Entfernung zwischen diesen so groß wie möglich zu wählen.

Nistkästen stellen beliebte Bruthilfen für Höhlen- und Halbhöhlenbrüter dar.

Die klassischen Bruthilfen für Höhlen- und Halbhöhlenbrüter sind Nistkästen.

Wenn man über das nötige Werkzeug und ein wenig handwerkliches Geschick verfügt, lassen sich die Kästen sogar in Do-it-yourself-Aktionen fertigen. Bereiten der Bau sowie das spätere Anbringen dieser Kästen Kindern großen Spaß, sollte man sie bei diesen Arbeiten mitwirken lassen. Dadurch weckt beziehungsweise fördert man das Interesse für die Vögel im Speziellen und für den Klima- sowie Umweltschutz im Allgemeinen.

Bauanleitung eines Nistkastens für Meisen

Besonders gut eignen sich abgehobelte Bretter (Brettstärke 20 mm) aus Douglasienholz (dieses hat im Vergleich zu zahlreichen anderen Holzarten eine bessere Witterungsbeständigkeit).

Man benötigt:

1 Brett für die Bodenplatte	120 x 140 mm
1 Brett für die Vorderfront	120 x 250 mm
1 Brett für die Rückwand	120 x 270 mm
2 Bretter für die Seitenwände	270 x 180 mm (Diese steigen nach hinten leicht an.)
1 Brett für das Dach	180 x 220 mm

Zunächst bohrt man in die Bodenplatte 4–5 Löcher (Durchmesser 5 mm), aus denen später gegebenenfalls Feuchtigkeit entweichen kann. Anschließend befestigt man mit Holzschrauben die Seitenwände sowie die Rückwand an der Bodenplatte. Zur besseren Stabilisierung werden außerdem die Seitenwände und die Rückwand mit Holzschrauben verbunden. In die Vorderfront bohrt man mittig, etwa 4 cm unter der Oberkante, das Einflugloch. Danach verbindet man die Bodenplatte durch ein Scharnier mit der Vorderfront, sodass sich letztere später problemlos zu Reinigungszwecken aufklappen lässt. Um zu verhindern, dass die Vorderfront künftig unbeabsichtigt nach vorn herausklappt, werden an ihr zwei kleine Ösen installiert und an den Außenseiten der Seitenwände die dazu gehörenden Haken montiert. Zum Schluss setzt man das Dachbrett auf und arretiert dieses ebenfalls mit Holzschrauben.

Wer Nistkästen nicht selbst bauen möchte, kann sie auch in Bau- oder Gartenmärkten erwerben. Diese bieten Modelle aus Holz sowie aus Holzbeton an. Beim Holzbeton handelt es sich um ein industriell produziertes Gemisch aus Zement und groben Sägespänen. Aus der daraus hergestellten Masse lassen sich die unterschiedlichsten Brutkastenmodelle hervorragend formen.

Nistkasten aus Holzbeton.

Zwei Kriterien, die großen Einfluss darauf haben, welche Vogelart künftig den Nistkasten bezieht, sind die Form und Größe des Einflugloches. Ebenso wichtig ist es, dass die Größe des Brutraums mit den spezifischen Ansprüchen der jeweiligen Vogelart korreliert. (In diesem Zusammenhang sei darauf verwiesen, dass der Handel manchmal viel zu kleine bzw. enge Nistkästen anbietet. Derartige »Miniaturkästen« werden von Vögeln nur selten als Bruthöhlen akzeptiert.)

In der folgenden Tabelle sind die Raumansprüche von Vogelarten aufgelistet, die kreisrunde Einfluglöcher bevorzugen.

Durchmesser des Einfluglochs in mm	Vogelarten und Mindestmaße des Nistkastens in mm (Breite x Tiefe x Höhe)
26–28	Blaumeisen, Haubenmeisen, Sumpfmeisen, Tannenmeisen, Feldsperlinge; 120 x 120 x 200
30–34	Kohlmeise, Kleiber, Trauerschnapper, Haussperling; 130 x 130 x 200
100	Steinkauz; 250 x 250 x 350
130	Waldkauz; 300 x 300 x 400

Zu den Arten, für die Nisthöhlen mit einem runden Einflugloch weitgehend uninteressant sind, gehört beispielsweise der Hausrotschwanz. Für diesen Singvogel muss der Nistkasten entweder einen breiten Einflugschlitz aufweisen, welcher sich über die gesamte Vorderfront des Kastens erstreckt, oder zwei eng nebeneinander befindliche, ovale Einfluglöcher mit den Abmessungen von etwa 3,2 x 5,0 cm haben.

Nistkasten für Hausrotschwanz.

Rotkehlchen

Haussperlingmännchen

Haussperlingweibchen

Dagegen mögen Gartenrotschwänze Nistkästen, welche ein ovales Einflugloch besitzen, dass durchaus etwas größer sein darf.

Zu den Arten, die ebenfalls Zweiloch-Nistkästen mögen, gehören unter anderem Bachstelzen und Rotkehlchen *(Erithacus rubecula)*. Gelegentlich werden Zweiloch-Nistkästen auch von Haus- *(Passer domesticus)* und Feldsperlingen *(Passer monatanus)* besiedelt, die bezüglich ihrer Brutstätten verhältnismäßig flexibel sind.

Eine ganz besondere Vorliebe zeigen Haussperlinge für Zweiloch-Nistkästen, die batterieartig nebeneinander platziert sind. Das liegt daran, dass sie es mögen, in unmittelbarer Nachbarschaft von Artgenossen zu nisten. Unter derartigen Bedingungen wird lediglich der direkte Nestbereich als Revier angesehen, in dem die Sperlingspaare allerdings keinen Artgenossen dulden.

Für diejenigen, die Nistkästen selbst bauen und daran interessiert sind, dass diese in jedem Jahr von anderen Vogelarten bezogen werden, bietet es sich an, statt eines »normalen« Vorderfrontbrettes mehrere sogenannte Wechselbretter anzufertigen. Die einzelnen Wechselbretter unterscheiden sich voneinander lediglich durch Form und Größe ihrer Einfluglöcher. Jedes Jahr wird dann ein anderes Wechselbrett in den Kasten gesetzt.

Beim Bau eines Nistkastens, der mit Wechselbrettern ausgestattet werden soll, ist es ratsam, an den Seitenwänden Führungsschienen anzubringen. In diese kann man

Schematische Darstellung eines Zweiloch-Nistkastens.

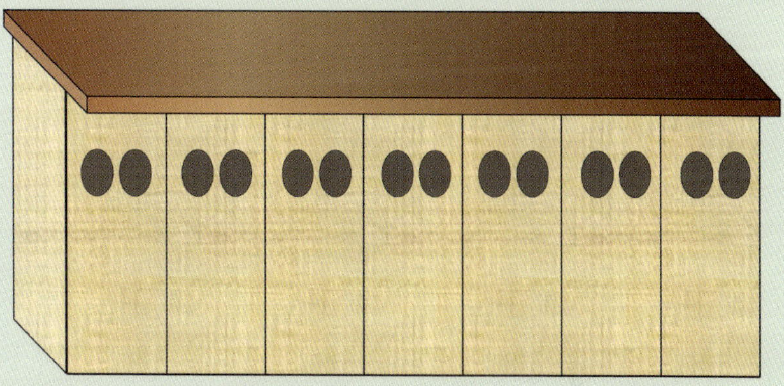

Schematische Darstellung einer »Sperlingsnistbatterie«.

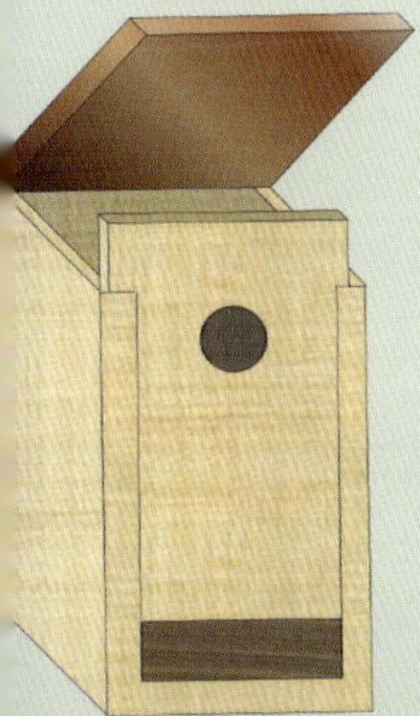

Schematisch dargestellter Nistkasten mit Wechselfront.

Beispiele für unterschiedliche Frontbretter.

die Wechselbretter hineinschieben, wodurch diese völlig ausreichend arretiert sind. Allerdings muss dann das Dachbrett als Klappe fungieren und mit entsprechenden Scharnieren sowie Haken und Ösen ausgestattet werden.

Etwas ausgefallenere Ansprüche stellt der Gartenbaumläufer *(Certhia brachydactyla)* an seine Nisthöhle, bei welcher sich der Einflugschlitz an der Kastenrückseite befinden muss.

Nistkasten mit vorgezogenem Einflugloch.

Für Schwalben sind im Fachhandel halbrunde Nistschalen aus Holzbeton erhältlich, die diesen Vögeln die Arbeit des Nestbaus weitgehend abnehmen. Im Unterschied dazu benötigen Zaunkönige *(Troglodytes troglodytes)* ein kugelförmiges Nistmodell, das ein rundes, leicht überdachtes Einflugloch besitzt.

Modelle aus Holzbeton bieten im direkten Vergleich mit hölzernen Nistkästen die Vorteile, dass sie langsamer verwittern und mehr Schutz vor Nesträubern bieten. So sind weder Eichhörnchen in der Lage, diese Modelle mit ihren Nagezähnen zu öffnen, noch können sie von Spechten aufgemeißelt werden. Als besonders nachwuchsfreundlich haben sich Modelle erwiesen, die mit einem vorgezogenen Einflugloch ausgestattet sind.

Mit einem solchen lässt sich ein bereits vorhandener Nistkasten leicht nachrüsten. Dazu ist es nur erforderlich, in einem Weichholzwürfel ein Loch zu bohren, das genau die Maße des Einflugloches hat. Diesen durchbohrten Würfel bringt man passgenau vor dem Einflugloch an. Er verhindert, dass Marder das Gelege beziehungsweise die Nestlinge mit ihren Pfoten aus dem Kasten heraushäkeln können. Außerdem ermöglicht es den Altvögeln, von dort aus zu füttern, wodurch bei nasser Witterung weniger Feuchtigkeit ins Kasteninnere gelangt.

Im Spätherbst oder zeitigem Winter sollte alljährlich eine Wartung der Nistkästen erfolgen, bei der man den Gesamtzustand kontrolliert. Gleichzeitig führt man eine Reinigung durch, bei welcher das alte Nistmaterial entfernt und anschließend der Kasten mit heißem Wasser ausgewaschen wird. Landläufig kursiert vielerorts die Meinung, das vorhandene Nistmaterial im Kasten zu belassen, was jedoch häufig nicht ratsam ist. Durch das Entfernen des Materials verhindert man, dass Parasiten und Krankheitserreger im Nistkasten den Winter überdauern und in der folgenden Brutperiode die Nestlinge schädigen können.

Neben dem Anbringen von Kästen, die von zahlreichen Höhlen- und Halbhöhlenbrütern gern als »Kinderstuben« angenommen werden, lassen sich auch Nisthilfen für die sogenannten Freibrüter anlegen. Zu diesen gehören beispielsweise die Heckenbraunelle *(Prunella modularis)* – die oft mit dem Haussperling verwechselt wird – und der Grünfink *(Chloris chloris)*. Ähnlich wie beim Bau von Nistkästen, helfen Kinder oftmals auch gern beim Bau solcher Nisthilfen.

Beim Anlegen muss vor allem darauf geachtet werden, dass die Nisthilfen stabil genug sind, um Witterungseinflüssen wie Wind und Regen problemlos standzuhalten. Außerdem müssen sie in Bereichen platziert werden, in denen sie genügend Sichtschutz bieten, denn keine Vogelart ist daran interessiert, dass ihr Nest bereits auf den ersten Blick von Fressfeinden und potenziellen Nesträubern bemerkt wird.

Einfach anzulegende, aber trotzdem sehr wirksame und gern angenommene Nisthilfen stellen Nistquirle dar. Zu die-

Grünfink

Heckenbraunelle

Nistquirl

sem Zweck werden im Frühjahr belaubte oder Knospen tragende Enden von Zweigen in 1–2 m Höhe über dem Erdboden mit Bindfaden oder Draht so zusammengebunden, dass eine Art Trichter entsteht.

Dabei ist darauf zu achten, dass der Faden bzw. der Draht nicht zu straff um die Zweige gebunden wird. Die Folge wäre ein Unterbrechen der »Saftzirkulation«, welche wiederum ein Absterben des Laubes nach sich ziehen würde. Um den betreffenden Zweigen die Möglichkeit zur Erholung zu geben, ist es nach der Brutsaison empfehlenswert, den Bindfaden oder Draht aus den Nistquirlen zu entfernen. Im folgenden Frühjahr bindet man neue Nistquirlen an einem anderen Bereich des entsprechenden Strauchs oder Baums.

Auch beim sogenannten Nistbüschen handelt es sich um Nisthilfen für Freibrüter. Um einen solchen Nistbusch einzurichten, benötigt man einige 50–70 cm lange Kiefernzweige, die straußartig zusammengebunden werden (im Unterschied zu Fichten- verlieren angeschnittene Kiefernzweige ihre

Nistbusch

Nadeln deutlich langsamer). Anschließend bindet man den Nistbusch mit Draht oder Bindfaden in 1,5–1,8 m Höhe an Baumstämme, die von dichten Sträuchern umgeben sind. Das Fixieren muss so erfolgen, dass zwischen Nistbusch und Stamm eine handtellergroße Mulde entsteht, in welcher sich ein Nest errichten lässt.

Eine ähnliche Konstruktion wie der Nistbusch stellt die Nisttasche dar. Für das Grundgerüst einer solchen Nisttasche eignen sich junge, geschmeidige Weiden- oder Haselzweige am besten, die eine Länge von 100–120 cm aufweisen. Die oberen Enden dieser Zweige bindet man in einer Höhe von 100–120 cm an einem Baumstamm fest. Anschließend biegt man die unteren Enden der Zweige ebenfalls bis zu dieser Höhe empor, sodass ein röhrenähnliches Grundgerüst für die spätere Nestaufnahme entsteht. Nach dem Festbinden werden reichlich Kiefernzweige in dieses Grundgerüst geflochten, wodurch die Vögel während ihrer gesamten Brutphase ausreichend Deckung erhalten und sich sicher fühlen. Damit sich »Interessenten« für die Nistbüsche und -taschen finden, sollte man diese nicht an der Wetterseite der Baumstämme anbringen.

Bau einer Nisttasche.

Männlicher Buchfink

Amseln, Zaunkönige, und Buchfinken *(Fringilla coelebs)* errichten im Frühling ihre Nester zuweilen auch in großen Reisighaufen, die beispielsweise nach dem winterlichen Ausschneiden der Obstgehölze aufgeschichtet wurden.

Wenn man derartige Reisighaufen dauerhaft liegen lässt, entwickelt sich daraus allmählich ein Element, welches einer Benjes-Hecke ähnelt. (Bei dieser handelt es sich um eine in der Feldflur oder am Waldrand aufgeschichtete Totholzhecke, die fast ausschließlich aus dünnen Ästen und Zweigen besteht. Durch Samenanflug beginnt sich diese Hecke im Laufe der Zeit selbst zu begrünen.) Eine derartige Hecke bietet nicht nur Vögeln, sondern auch zahlreichen anderen Tierarten Brut- und Versteckmöglichkeiten.

Eine kleine, in einem Garten angelegte Benjes-Hecke.

Ist man nicht an einer solchen Hecke interessiert und möchte die Reisighaufen im Frühjahr schreddern oder anderweitig entsorgen, sollte man sich zuvor unbedingt vergewissern, dass keine Vögel darin brüten. In diesem Fall wird sicher jeder Naturfreund so lange mit der Entsorgung warten, bis die Jungvögel das Nest verlassen haben.

Damit Vögel zu Dauergästen werden

Eine sehr gute Möglichkeit, Vögel dauerhaft an den eignen Garten »zu binden«, besteht darin, sie ganzjährig zu füttern und ihnen eine Tränke mit frischem Wasser bereitzustellen. Die dafür notwendige Nahrung bietet man den gefiederten Gästen vorzugsweise in Futterstationen an, unter denen sich die Futterhäuschen einer besonders großen Beliebtheit erfreuen.

Man kann solche Stationen, zu denen auch Futtersäulen sowie verschiedene Halterungen für Fettfutter gehören, entweder im Fachmarkt erwerben oder (gemeinsam mit Kindern) selbst bauen.

Obwohl dabei der individuellen Fantasie kaum Grenzen gesetzt sind, sollte man trotzdem darauf achten, Futterhäuschen nicht zu klein zu konzipieren. Ratsam ist ein Bodenbrett von mindestens 30 x 30 cm. Es hat sich bewährt, wenn die seitlichen Öffnungen mindestens 20–25 cm hoch sind. Dadurch ist es auch größeren Arten, wie etwa dem Eichelhäher *(Garrulus glandarius)*, möglich, ohne Schwierigkeiten an das Futter zu gelangen.

Im Fachhandel erworbene Futtersäule.

Futterhäuschen

In Modelle, die ein sehr großes Bodenbrett haben, kann man sogar einen Futterspender aus Kunststoff oder Holz integrieren. Durch diesen lässt sich das »Vermatschen« des Futters reduzieren. Eine Verringerung des Futtervermatschens erreicht man auch, wenn 2–3 cm hohe Leisten an den Rändern des Bodenbrettes angebracht werden. Beim Fressen werfen die Vögel nur relativ wenig Futter über diese Leisten.

Als Behälter zum Verfüttern von lebenden Insektenlarven, wie etwa Mehlwürmern, bei denen es sich um die Larven des Mehlkäfers *(Tenebrio molitor)* handelt, eignen sich kleine Kunststoff- oder Metallschalen sehr gut, deren Innenflächen völlig glatt sind. Die glatten Oberflächen verhindern nicht nur eine Flucht der Insekten, sondern lassen sich auch hervorragend reinigen.

Um den Ansprüchen der einzelnen Vogelarten gerecht zu werden, ist es von Vorteil, wenn sowohl Nahrung mit fester als auch weicher Konsistenz angeboten wird. Das festere Futter umfasst beispielsweise Rapssamen, Leinsaat, Mohnkörner, Sonnenblumenkerne und Nüsse bzw. Bruchstücke davon.

Mehlwürmer

Winterfutter für Vögel lässt sich ohne große Mühe aus Sonnenblumen gewinnen.

Zur Gewinnung ihrer Samen kann man Sonnenblumen (und auch Hasel- sowie Walnüsse) im Garten anbauen. Um zu vermeiden, dass die Vögel bereits im Spätsommer/Frühherbst die halbreifen Samen aus den Blütenköpfen herausfressen, zieht man über einige einen alten Nylonstrumpf oder transparentes Textilgewebe. Nachdem die Samen in den Blütenköpfen der Sonnenblumen ausgereift sind, erntet man die Körner und lagert diese als Winterfutter in einem dunklen, trockenen Raum, der möglichst kühl sein sollte.

Zahlreiche Vögel mögen vor allem während der kalten Jahreszeit das fettreiche, weiße Fruchtfleisch der Kokosnuss. Dieses kann man entweder aus der hölzernen Schale heraustrennen oder die Kokosnuss mithilfe einer Metallsäge halbieren. Anschließend bohrt man zwei kleine Löcher in jede *Hälfte* und zieht durch diese einen Faden. An dem Faden werden die beiden Hälften glockenähnlich an dem Ast eines Gehölzes aufgehangen.

Wenngleich Soja- und Haferflocken aus recht festen Komponenten hergestellt werden, kann man sie trotzdem als Übergangstufe zwischen Hart- und Weichfutter ansehen. Zu Weichfutter gehören neben den bereits erwähnten Insektenlarven frische und getrocknete Wildfrüchte (z. B. Holunderbeeren) sowie Obst. Von letzterem lassen sich dünn geschnittene Apfel- und Birnenscheiben sehr gut an den kleineren Zweigen von Gehölzen aufspießen.

Eine aufgeschnittene Kokosnuss, die zusätzlich mit einem Körner-Fett-Gemisch gefüllt wurde.

Des Weiteren stellen tierische und pflanzliche Fette, die beispielsweise in Meisenringen sowie Futterglocken integriert sind, weiche Futterkomponenten dar. Eine derartige Futterglocke, oft auch als Meisenglocke bezeichnet, lässt sich leicht selbst herstellen. Zu diesem Zweck muss man 150 g Rindertalg in einem Topf erhitzen. Sobald der Talg weich ist, gibt man 150 g Sonnenblumenkerne und/oder kleingehackte Nussstücke sowie 2 Esslöffel Speiseöl dazu. Das Öl verhindert, dass der Talg nach dem Abkühlen bröckelig wird. Als Behälter für diesen Futterbrei verwendet man einen tönernen Blumentopf, durch dessen Wasserabzugsloch ein 60 cm langer Bindfaden gezogen wird. An das untere Fadenende bindet man eine kleine, horizontal ausgerichtete Holzstange, die nach dem Befüllen etwa 10–12 cm aus der »Glocke« heraushängt. (Diese Stange fungiert als eine Art Trittbrett, auf dem die Vögel bei Anfliegen der Futterglocke einen besseren Halt finden.) Anschließend befüllt man die Glocke mit dem abgekühlten, bereits etwas fester gewordenen Talg-

Futterglocke

Körner bzw. Nuss-Gemisch. Sobald letzteres völlig ausgehärtet ist, erfolgt das Aufhängen der Glocke im Garten.

Ähnlich wie ein Blumentopf lässt sich eine ausgediente Tasse oder eine Schale mit Henkel zu einer seitlich herabhängenden Futterglocke umfunktionieren.

Insektenhotels unter Glocken und Netzen

Wie bei der heimischen Vogelwelt ist in den letzten 50 Jahren auch ein besorgniserregender Rückgang bei zahlreichen Insektenarten zu verzeichnen. Davon sind Vertreter aus nahezu allen Insektenfamilien betroffen. Durch das Aufstellen eines sogenannten Insektenhotels kann man helfen, diesen Trend zu stoppen. Solch ein »Hotel« bietet zumindest einigen Arten günstige Nist- und/oder Überwinterungsmöglichkeiten.

Bei einem Insektenhotel handelt es sich vom Grundaufbau um eine regalähnliche, überdachte Konstruktion, an deren Seiten sich zumeist Kant- oder Rundhölzer befinden. Damit man eine möglichst große Vielfalt an potenziellen Verstecken anbieten kann, die den Ansprüchen zahlreicher Arten genügen, füllt

Insektenhotel

man die Etagen des »Hotels« mit unterschiedlichen Materialien. Besonders gut eignen sich Hohlblocksteine, kleine, übereinander geschichtete Schieferplatten, trockene Zapfen von Nadelgehölzen, Bambusstücke, Schilfhalme, Holzwolle, Stroh sowie naturbelassene Holz- und Borkenstücke. Diese Materialien schichtet man so hinein, dass zwischen ihnen zahlreiche kleine Lücken und Ritzen entstehen, in die sich die Insekten zurückziehen und/oder als »Kinderstube« nutzen können. Um zu verhindern, dass Vögel, wie etwa Meisen, die Insekten aus dem Hotel herauspicken, kann man dieses mit einem grobmaschigen Netz überspannen.

Beim Anbringen des Netzes muss darauf geachtet werden, dass dieses nicht straff an dem Hotel anliegt, sondern sich in einem Abstand von ein paar Zentimeter zu den Hohlräumen befindet. Ansonsten könnten Vögel trotzdem mit ihren Schnäbeln in einige »Hotelzimmer« vordringen und deren Bewohner bzw. deren Eier und/oder Larven herauspicken.

Miniaturinsektenhotels – mit Stroh gefüllte Blumentöpfe.

Als Insektenhotels im Miniformat können auch mit trockenem Stroh gefüllte Blumentöpfe fungieren, die glockenartig an einem Baum gehangen werden. Um zu verhindern, dass das Stroh aus dem Blumentopf herausfällt, wird ein grobmaschiges Netz (oder feiner Maschendraht) über die Öffnung gezogen. Netz oder Maschendraht fixiert man mithilfe von Bast oder Bindfaden an der Außenseite des Blumentopfs.

Solche Strohglocken-Verstecke werden unter anderem gern von den auch als Goldaugen bezeichneten Florfliegen (Chrysopidae) angenommen. Bei diesen Insekten handelt es sich um eine rund 2000 Arten umfassende Familie, von der die Gemeine Florfliege *(Chrysopa carnea)* am häufigsten in Mitteleuropa auftritt. Jedes der Florfliegenweibchen ist in der Lage, etwa 900 Eier zu legen. Diese werden bevorzugt auf Pflanzenteilen deponiert, an denen reichlich Blattläuse vorhanden sind. Die Blattläuse stellen die Hauptnahrung für die nach wenigen Tagen aus den Eiern schlüpfenden Larven dar, welche auch als Blattlauslöwen bezeichnet werden. In Abhängigkeit von der Temperatur und den sonstigen Klimabedingungen vertilgt jede Larve pro Tag 25 bis 150 Blattläuse. Da die gefressenen Blattläuse die Pflanzen nicht mehr schädigen können, bestehen für dieses bessere Chancen eine intensivere Fotosynthese zu betreiben und dabei mehr Kohlendioxid aus der Luft zu binden.

Dieser Blattlauslöwe steht im wahrsten Sinne des Wortes »im Futter«.

Zu den Insekten, die sich zeitweise sowohl in Insektenhotels als auch in Strohglocken verstecken, gehören die Ohrwürmer, deren häufigster Vertreter der Gemeine Ohrwurm *(Forficula auricularia)* ist. Ohrwürmer ernähren sich ebenfalls sehr gern von Blattläusen.

Über die Ohrwürmer, die auch als Ohrenkneifer bezeichnet werden, kursieren noch immer Schauergeschichten, demzufolge sie in die Gehörgänge schlafender Menschen kriechen, um darin ihre Eier abzulegen. Doch diese Geschichten entbehren jeglicher Grundlage. Vielmehr legen die Weibchen ihre Eier in einem sicheren, unterirdischen Nest ab und bewachen diese bis zum Schlupf der Larven.

Ohrwurm

Auch bei aufgeschichteten Brennholzstapeln handelt es sich um Insektenhotels, auch wenn sie in der Regel nicht als solche wahrgenommen werden. Sie stellen für viele Arten attraktive Winterquartiere dar. Da speziell gebaute Insektenhotels allerdings mit einer größeren Vielfalt an Unterschlupfmaterialien ausgestattet werden, bieten sie naturgemäß wesentlich mehr Insektenarten Schutz vor dem Winter bzw. eine sichere Kinderstube.

Den Unermüdlichen eine Chance geben

Eine weitere Möglichkeit, einen aktiven Beitrag zum Schutz und Fortbestand von Insekten zu leisten, besteht in der Haltung von Bienen. Diese liefern nicht nur Honig (und Wachs) zur Eigen- und Fremdversorgung, sondern erfüllen ganz nebenbei eine noch viel wichtigere Aufgabe. Indem sie Blüten zum Sammeln von Nektar anfliegen, führen sie deren Bestäubung durch. Ohne diese Insektenbestäubung könnten sich aus den Blüten zahlreicher Obstgehölze keine Früchte entwickeln. Das hätte zur Folge, dass es nur ein äußerst begrenztes Obstsortiment geben würde.

Biene fliegt Obstblüten an.

Zur Haltung von Bienen bedarf es einigen technischen Equipments, das für die Unterbringung und Bewirtschaftung dieser Insekten sowie die Gewinnung des Honigs erforderlich ist. Für eine Grundausstattung muss man etwa 1500–3000 Euro veranschlagen, wobei man auf staatliche Fördermittel zurückgreifen kann. In welcher Höhe und unter welchen Voraussetzungen diese gezahlt werden, kann man in der zuständigen Landwirtschaftsbehörde erfragen. Gleichzeitig sollte man sich erkundigen, ob Hobbyimker in dem jeweiligen Bundesland einen Lehrgang besuchen und einen Sachkundenachweis erwerben müssen.

Bienenstöcke in einem Bienenhaus.

In der Regel wird man die Imkerei mit 1–3 Bienenvölkern beginnen, von denen jedes in einer sogenannten Beute (kastenähnlicher Raum) untergebracht ist. Die Einzelbeuten platziert man, zur Sonne ausgerichtet, im Garten. Eine weitere Möglichkeit besteht darin, die Beuten in einem kleinen Bienenhaus unterzubringen.

Wenngleich sich Honigbienen bei artgerechter Haltung und sachgerechtem Umgang mit dem Bienenstock nicht aggressiv verhalten, ist es vor deren Anschaffung dennoch ratsam, sowohl bei sich als auch den Familienmitgliedern einen Allergietest durchführen zu lassen. Dieser Test dient der Feststellung, ob man auf den Stich der Biene allergisch reagiert.

Zu den leistungsstarken Blütenbestäubern gehören auch die mit den Bienen eng verwandten Hummeln (Bombus), von denen etwa 70 Arten in

Europa heimisch sind. Zumeist bewohnen sie Erdnester, aber gelegentlich siedeln sie sich auch im Garten in verlassenen Vogelnestern oder hohlen Baumstämmen an. Dann versteht es sich eigentlich von selbst, die Hummeln zu unterstützen, indem man ihre Behausung nicht beseitigt. Im Unterschied zu Bienen, die erst bei Temperaturen ab 10 °C ausfliegen, sind Hummeln bereits ab 6 °C aktiv. Bezüglich des sprichwörtlichen Fleißes stehen die Hummeln den Bienen in Nichts nach, denn auch sie haben einen 18-Stunden-Arbeitstag. Während eines solchen Arbeitstages werden von einer einzigen Hummel oftmals mehr als 1000 Blüten bestäubt.

Attraktive Naturwohnungen

In einem reich strukturierten Garten, in dem sich beispielsweise Natursteinhaufen, terrassenartig angelegte Bodenbereiche und stellenweise dichte Pflanzenbestände befinden, siedeln sich nicht selten auch Lurche, Kriechtiere und Kleinsäuger an. Diese Lebensräume bieten den Tieren neben Verstecken und Kinderstuben, auch reichlich tierische Nahrung. Häufig setzt sich diese

Reich strukturierter Garten.

Erdkröte

aus Schnecken und unerwünschten Insektenarten zusammen, die an den Pflanzen erhebliche Fressschäden verursachen.

Allerdings sollte man nicht erwarten, dass diese Tiere Wunder vollbringen. Normalerweise schaffen sie es nicht, den Garten nahezu gänzlich von Schnecken und unerwünschten Insektenarten zu befreien. Aber die Lurche, Kriechtiere und Kleinsäuger helfen zumindest, jene unliebsamen Gartenbewohner »in Schach« zu halten.

Zu den Lurchen, die sich häufig im Garten ansiedeln, gehört die vorwiegend dämmerungs- und nachtaktive Erdkröte *(Bufo bufo)*.

Leider sind noch immer viele Menschen der Meinung, dass diese Lurche Fraßstellen an den Früchten verursachen, wenn sie im Erdbeerbeet herumhüpfen. Doch das ist ein Irrtum. Stattdessen befinden sich die Erdkröten auf der Jagd nach Schnecken, bei denen es sich um die tatsächlichen Verursacher der Fressstellen handelt.

Im Herbst ziehen sich Erdkröten in höhlenartige Quartiere zurück, in denen sie die kalte Jahreszeit in einer Kältestarre verbringen. Während dieser Zeit fahren die Erdkröten ihren Energieverbrauch auf ein Minimum zurück, indem sich bei ihnen alle Körperfunktionen, wie etwa die Atmung, extrem

Knoblauchkröte

verlangsamen. Im Frühling erwachen sie aus diesem Starrezustand und begeben sich auf die Suche nach einem geeigneten Laichgewässer.

Ein weiterer, relativ häufig auftretender Lurch in unseren Gärten ist die Knoblauchkröte *(Pelobates fuscus)*. Allerdings bekommt man sie nur sehr selten zu Gesicht, weil auch sie ein weitgehend nachtaktives Leben führt. Ihre charakteristische Populärbezeichnung basiert auf den an Knoblauch erinnernden Geruch, den diese Lurche verströmen.

Bei der Knoblauchkröte handelt es sich nicht um eine Echte Kröte, sondern um einen Vertreter aus der Familie der Krötenfrösche (Pelobatoidea). Während die Echten Kröten horizontal angeordnete Pupillen besitzen, sind diese bei den Krötenfröschen vertikal in den Augenhöhlen eingebettet.

Zur Überwinterung graben sich Knoblauchkröten bis einen Meter tief in den Boden ein. Dabei nutzen sie oft vorhandene Erdhohlräume, wie etwa Mäuselöcher oder Maulwurfsgänge, welche zuvor jedoch um- bzw. ausgebaut werden. Bei diesen Aktivitäten zeigen Knoblauchkröten nicht nur eine enorme Grabintensität, sondern auch ein äußerst beachtliches Grabtempo.

Der Kleine Wasserfrosch ist ein Vertreter der Grünfrösche.

Vor allen in etwas größeren Gartenteichen siedeln sich nicht selten Vertreter aus der Gruppe der sogenannten Grünfrösche an. Zu diesen gehören der Seefrosch *(Rana ridibunda)*, der Teichfrosch *(Rana esculenta)* sowie der Kleine Wasserfrosch *(Rana lessonae)*. Ungeachtet der Tatsache, dass große Teile seines Körpers ebenfalls grün gefärbt sind, handelt es sich bei dem Europäischen Laubfrosch *(Hyla arborea)* nicht um einen Grünfrosch, sondern um einen Vertreter aus der Familie der Laubfrösche (Hylidae).

Kleine Wasserfrösche, die eine Länge von 45–75 mm erreichen, besitzen normalerweise eine grasgrüne Rückenpartie, auf der sich zahlreiche schwarze Flecken verteilen. In der von April bis Ende Mai stattfindenden Laichzeit kann es allerdings passieren, dass sich die Männchen, die immer etwas kleiner sind als die Weibchen, zitronengelb bis bräunlich verfärben.

Sobald sich Frösche am Gartenteich ansiedeln, besteht die wichtigste Pflegemaßnahme darin, sie weitestgehend in Ruhe zu lassen. Aus diesem Grund sollte man im Spätherbst auch das Bodensubstrat des Teiches weder säubern noch erneuern, da dieses von Grünfröschen oft als Überwinterungsquartier genutzt wird. Die Nahrung der Frösche setzt sich unter anderem aus Fliegen, Mücken, Schnecken und Würmern zusammen.

Das sich am häufigsten in sonnigen Gärten ansiedelnde Kriechtier ist die Zauneidechse *(Lacerta agilis)*. Die Gesamtlänge der erwachsenen Exemplare beträgt 22–28 cm, wobei die Weibchen geringfügig größer sind als die Männchen. Letztere lassen sich gut anhand ihrer grün gefärbten Flanken identifizieren. Zur Paarungszeit, die sich von Ende April bis Anfang Mai erstreckt, zeigen die Männchen am überwiegenden Teil ihres Körpers diese Grünfärbung, von welcher sich das bräunliche Längsband auf dem Rücken sowie die schwärzlichen Flecken an den Flanken deutlich abheben. Zauneidechsen zeigen eine besondere Vorliebe für Bereiche, die eine niedrige Vegetation und zugleich größere Ansammlungen an Natursteinen und trockenen Totholzstücken aufweisen. Sowohl die Steine als auch die Holzstücke dienen den Eidechsen gleichermaßen als Verstecke und Plätze zum Sonnenbaden. Das Nahrungsspektrum der Zauneidechsen umfasst vor allem Insekten und deren Larven sowie Asseln und Spinnen.

Zauneidechse

Blindschleiche

Vielerorts stellen streunende Katzen eine Bedrohung für Zauneidechsen dar. Die Katzen fressen zwar fast nie die Eidechsen, aber spielen oder beißen diese häufig zu Tode.

Gelegentlich findet sich auch die ebenfalls zu den Kriechtieren gehörende Blindschleiche *(Anguis fragilis)* im Garten ein. Obwohl dieses Tier ein schlangenähnliches Aussehen hat, handelt es sich um eine Echsenart aus der Familie der Schleichen (Angiudae). Vermutlich ist ihre Populärbezeichnung auf den althochdeutschen Begriff »plint« zurückzuführen, der nicht sehunfähig, sondern »glänzend« bedeutet. Man sah also zu jener Zeit die Blindschleiche primär als ein Tier an, dessen Körper glänzte.

Blindschleichen führen eine verhältnismäßig versteckte Lebensweise. Lediglich in den frühen Morgen- sowie den zeitigen Abendstunden legen sie sich gern auf flache Steine oder Totholzstücke, um ein Sonnenbad zu nehmen.

Sowohl junge als auch erwachsene Blindschleichen haben sich als eifrige Vertilger von Nacktschnecken erwiesen. Um diese zu erbeuten, kriechen die Blindschleichen vor aufziehenden Gewittern oder nach einem sommerlichen Starkregen zuweilen auch am Tag aus ihren Verstecken, weil dann auch die Schnecken sehr mobil sind. Komplettiert wird das Nahrungsspektrum der Blindschleichen durch sich langsam fortbewegende Insekten, Spinnen und Regenwürmer.

Ende Oktober/Anfang November ziehen sich die Blindschleichen in selbst gegrabene oder von anderen Tieren übernommene Erdhöhlen zurück, wo sie den Winter in einem schlafähnlichen Starrezustand verbringen. Aus diesem erwachen sie zwischen März und April des Folgejahres.

Von den Kleinsäugern finden sich neben Igeln auch häufiger Spitzmäuse im Garten ein. Trotz ihres mausähnlichen Aussehens sind Spitzmäuse nicht näher mit den Echten Mäusen verwandt, sondern gehören zur Ordnung der Insektenfresser.

Alle in Europa vorkommenden Spitzmausarten sind sehr klein und besitzen ein samtig weiches Fell. Außerhalb der Paarungszeit leben sie als Einzelgänger oder im Mutter-Kind-Verband. Spitzmäuse nutzen gern Schuppen und Lauben sowie verlassene Mäusebaue und Spalten zwischen Steinen als Verstecke und Schlafplätze.

Gartenspitzmaus

In Käfigfallen gefangene Spitzmäuse werden anschließend wieder ausgesetzt.

Um ihre Körpertemperatur sowie ihren Stoffwechsel aufrechtzuerhalten, benötigen Spitzmäuse enorm viel Nahrung. So fressen die meisten Arten täglich eine Nahrungsmenge, die dem eigenen Körpergewicht entspricht. Dabei stehen vor allem Insekten und deren Larven, Regenwürmer, Schnecken sowie kleine Wirbeltiere, wie etwa junge Mäuse, auf ihrem Speiseplan. Bei der Überwältigung der letztgenannten Beutetiere hilft den Spitzmäusen ihr giftiger Speichel, welcher auf kleine Tiere lähmend wirkt.

Unnötiger Weise werden immer wieder Spitzmäuse getötet, wenn sie anstatt von Hausmäusen, die man eigentlich damit bekämpfen wollte, in eine Schlagfalle geraten. Deshalb ist es empfehlenswert, beim Auffinden von vermeintlichem Hausmäusekot Käfigfallen aufzustellen. Spitzmäuse, die in eine solche Falle geraten, kommen mit dem Schrecken davon und man kann sie sofort wieder im eigenen Gehöft, auf einer Wiese, in einem Park oder am Waldrand freilassen. Wichtig ist, die Verweildauer der Spitzmaus in der Käfigfalle so kurz wie möglich zu halten. Dadurch gewährleistet man, dass die Tiere nach dem Freilassen schnell wieder Nahrung aufnehmen können – was für diese kleinen Kerlchen von enormer Bedeutung ist.

Schadstofflose Alternativen

Wie bereits erwähnt, tragen zahlreiche Singvögel und sonstige Tiere dazu bei, an Pflanzen parasitierende Arten etwas im Zaum zu halten. Darüber hinaus bestehen weitere Möglichkeiten, jene Tiere, die durch ihren Fraß die Pflanzen oft massiv schädigen, sowohl prophylaktisch als auch aktiv zu bekämpfen. Dazu muss längst nicht mehr die sprichwörtlich chemische Keule ausgepackt werden. Indem man auf industriell gefertigte Pestizide verzichtet, schützt man sowohl die Vögel als auch andere Tiere. Denn wenn diese Parasiten fressen, die mit biologischen anstelle von chemischen Bekämpfungsmitteln in Kontakt gekommen sind, nehmen sie dabei weder Giftstoffe auf, noch werden sie in anderer Weise geschädigt.

Zu den prophylaktischen Methoden, mit denen man teilweise vermeiden kann, dass sich pflanzenfressende Insekten und/oder Krankheitserreger an den Nutzpflanzen ansiedeln, gehören Mischkulturen. Die folgende Tabelle enthält Beispiele für derartige Mischkulturen sowie die Tiere und Krankheiten, die durch sie ferngehalten werden.

Durch Verzicht des Einsatzes von Pestiziden, trägt man zum Schutz von Vögeln und anderen Tieren bei.

Kapuzinerkresse

Ringelblume

Bohnenkraut

Meerrettich

Pflanzenart	hilft	gegen
Rosmarin	Möhre und Kohlarten	Möhrenfliege und Kohlweißling
Basilikum	Tomaten, Gurken und Kohlarten	Mehltau und Weiße Fliege
Pfefferminze	Weinrebe	Mehltau
Meerrettich	Pfirsich und Kirsche	Kräuselkrankheit und Monilia
Knoblauch	Erdbeeren	zahlreiche Bakterien- und Pilzerkrankungen
Kapuzinerkresse	trägt allgemein zur Bodengesundung bei und zieht ...	... Blattläuse an
Ringelblume	trägt allgemein zur Bodengesundung bei und vertreibt ...	... Fadenwürmer im Boden
Bohnenkraut	Buschbohnen	Schwarze Bohnenlaus (ist eine Blattlausart)
Eberraute	Möhren und Zwiebeln	Möhren- und Zwiebelfliege

Zur Bekämpfung vieler Blattläuse, von denen in Mitteleuropa rund 850 Arten existieren, eignen sich auch Pflanzenjauchen sehr gut. Allerdings ist es ratsam, diese bereits prophylaktisch zu verabreichen und nicht erst damit zu beginnen, wenn sich bereits sehr individuenreiche Blattlauspopulationen an Kulturpflanzen angesiedelt haben. Als eine sehr wirksame Pflanze zur Herstellung einer solchen Jauche hat sich Wermut erwiesen.

Hierzu gibt man 500 g frische Wermutblätter in einen Eimer und füllt ihn mit 10 l Wasser auf. Diesen Ansatz stellt man 4–5 Tage an einen sonnigen Platz. Anschließend gießt man ihn, um Blätter und größere Schwebteile zu entfernen, durch ein altes Leinentuch. Ohne die aufgefangene Flüssigkeit zu verdünnen, werden damit die von Blattläusen befallenen Kulturen besprüht.

Wermutjauche stellt außerdem ein recht wirksames Mittel gegen Rost (mikroskopisch kleine Pilze, die auf den Blättern parasitieren und schwärzliche, bräunliche, gelbliche oder rötliche Flecken verursachen) sowie gegen Ameisenbefall dar.

Leider finden sich an behandelten Pflanzen oft schneller neue Blattläuse ein als einem lieb ist. Aus diesem Grund hat es sich bewährt, die Behandlung gegebenenfalls in wöchentlichen Abständen zu wiederholen.

Auch Brennnesseljauche ist aus gärtnerischer Sicht eine sehr interessante Flüssigkeit. In gleicher Weise wie Wermutjauche angesetzt, eignet sie sich nicht nur zum Vertreiben von Blattläusen, sondern stellt auch einen äußerst umweltfreundlichen Dünger für Tomaten, Gurken, Kohl und Zucchini dar. Diesen Flüssigdünger kann man den Pflanzen ein- bis zweimal pro Woche verabreichen.

Aus Wermut lässt sich ein sehr wirksames Blattlausbekämpfungsmittel herstellen.

Tomaten (li.) und Gurken (re.) gedeihen besonders gut, wenn sie mit Brennnesseljauche gedüngt werden.

Zu den mechanischen Bekämpfungsmethoden gehört unter anderem das Aufspannen von Insektenschutznetzen. Indem man diese über Kohlkulturen spannt, verhindert man, dass Kohlweißlinge ihre Eier daran ablegen, aus denen bald darauf die äußerst gefräßigen Raupen schlüpfen würden.

Mithilfe von im Handel erhältlichen Leimringen, die an Obstgehölzen angebracht werden, lassen sich u. a. die flugunfähigen Weibchen des äußerst unliebsamen Frostspanners sowie Blattläuse fangen.

Kohlkulturen werden von allen Seiten mit einem Insektennetz überspannt.

Ein an einem Obstbaum angebrachter Leimring.

In ähnlicher Weise funktionieren auch sogenannte Farb- oder Gelbtafeln. Dabei handelt es sich um leuchtend gelbe, mit klebrigen Substanzen bestrichene Platten, welche für eine Vielzahl von Schädlingen, wie etwa geflügelte Blattläuse, Weiße Fliegen und Trauermücken äußerst attraktiv sind. Angelockt durch die gelbe Farbe, begeben sich die Insekten auf diese Tafel, an der sie kleben bleiben.

Sowohl die Larven des Apfel- als auch des Pflaumenwicklers (bei beiden Arten handelt es sich um Schmetterlinge) lassen sich bereits mit einem Wellpappe-Gürteln gut bekämpfen, der um die Apfel- bzw. Pflaumenbäume gelegt wird. Zu diesem Zweck bindet man zwischen Ende Mai und Anfang Juni etwa 20 cm über dem Boden einen mindestens 15 cm breiten Streifen Wellpappe um die Stämme dieser Gehölze. Die Larven beider Wickler-Arten nehmen die Wellpappe als willkommenes Versteck an, welches man in wöchentlichen Abständen kontrollieren sollte. Sobald sich Larven eingenistet haben, erneuert man die Wellpappe.

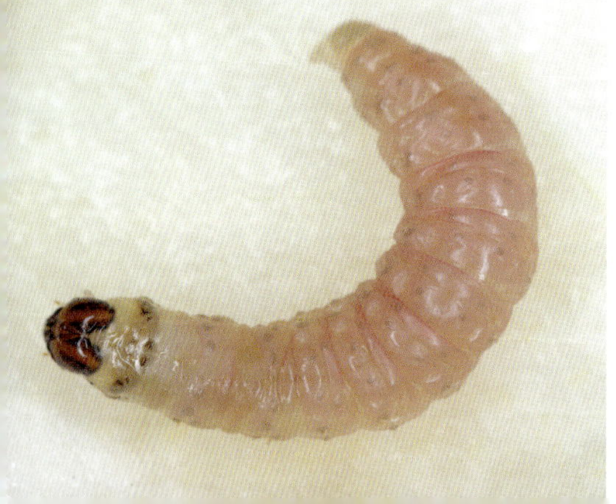

Larve des Apfelwicklers.

Bildnachweis

AdobeStock:
S. 9: sdecoret, S. 13: Xaver Klaussner, S. 14: Joachim Neumann, S. 16: ludarii-mago, S. 18: Anne, S. 19: andrewhagen, S. 20: Andrea, S. 22 (oben): Jan Hendrik Hansen, S. 22 (unten): Eden, S. 28 (unten): vodolej, S. 29 (unten): Simion, S. 30: bojsha, S. 33 (unten): Joanna Tkaczuk, S. 34: ARochau, S. 36: Ruckszio, S. 42 (oben): Heiner Witthake, S. 45: grafxart, S. 48 (oben): LianeM, S. 50: Michal, S. 53: hcast, S. 56 (oben): Masson, S. 62 (Mitte): Maciej Olszewski, S. 62 (unten): Gerhard, S. 63 (oben): Patryssia, S. 67 (oben): Tabatha, S. 68: pingpao, S. 69: wellphoto, S. 70 (oben): Elenathewise, S. 70 (unten): 7monarda, S. 76 (oben): Joshua, S. 76 (unten): Aleksandr Rybalko, S. 77 (unten): Bauke, S. 80: fibonacci, S. 81: Stephen, S. 84: kelifamily, S. 85 (oben): net_stalker, S. 85 (Mitte): J.C.Salvadores, S. 90 (unten): Picture Partners, S. 91: Axel Gutjahr, S. 92 (oben): sasimoto, S. 92 (unten): Digra987, S. 94: iMarzi, S. 95 (oben): Jürgen Kottmann, S. 95 (unten): Henri Koskinen, S. 96: Martin, S. 98: schulzie, S. 99: BVpix, S. 100: bennytrapp, S. 102: Hartmut Wolf, S. 103: Ruckszio, S. 104: creativenature.nl, S. 105: JPchret, S. 106: Alexander von Düren, S. 110 (oben): Martina, S. 110 (unten): Tomasz

Axel Gutjahr:
S. 10, 11, 12, 17, 21, 24 (beide), 25, 26, 27, 28 (oben), 29 (oben), 31, 32, 33 (oben), 35, 37, 38, 39, 40, 41, 42 (unten), 43, 44 (oben rechts), 44 (unten), 46 (beide), 47 (alle), 48 (unten), 51, 52, 54 (beide), 55, 56 (unten), 57 (beide), 58, 59 (beide), 60 (beide), 61, 62 (oben), 63 (unten), 64, 65 (oben), 65 (Mitte), 66 (beide), 67 (unten), 71 (beide), 72, 73 (alle), 74, 75, 77 (oben), 78, 82 (alle), 85 (unten), 86, 87 (beide), 88 (beide), 89, 90 (oben), 93, 97, 101, 107 (alle), 108, 109 (alle)

Benno Müller:
S. 83 (Zeichnungen)

Ina Müller:
S. 65 (unten)

Torsten Petzold:
S. 44 (oben links)